注热强化煤层瓦斯抽采细观机理与理论

ZHURE QIANGHUA MEICENG WASI CHOUCAI XIGUAN JILI YU LILUN

谢建林　著

化学工业出版社
·北京·

内容简介

煤层瓦斯注热开采的理论与方法一直是煤矿安全工程和岩土工程领域研究的难点，涉及煤体微观变形，瓦斯解吸，煤体温度场、应力场以及水和瓦斯渗流场耦合等理论问题。本书主要开展注热强化煤层瓦斯抽采的细观机理与理论研究工作，采用细观与宏观实验、理论分析与数值模拟相结合的方法，对煤层瓦斯赋存与运移的规律进行细致翔实的介绍，对揭示含瓦斯煤层“压裂—注热—渐进解吸瓦斯”过程的规律具有科学意义，能够为注热开采煤层瓦斯和瓦斯灾害防治工程提供技术支撑和理论指导。本书适合煤层瓦斯热采及瓦斯灾害防治工程技术人员以及研究人员、大中专院校相关专业师生阅读参考。

图书在版编目（CIP）数据

注热强化煤层瓦斯抽采细观机理与理论/谢建林著. —北京：化学工业出版社，2021.12

ISBN 978-7-122-40159-5

Ⅰ. ①注… Ⅱ. ①谢… Ⅲ. ①煤层-瓦斯抽放-研究 Ⅳ. ①TD712

中国版本图书馆 CIP 数据核字（2021）第 214248 号

责任编辑：陈　喆　王　烨
责任校对：王佳伟
装帧设计：王晓宇
出版发行：化学工业出版社
（北京市东城区青年湖南街 13 号　邮政编码 100011）
印　　装：天津盛通数码科技有限公司
开　　本：710mm×1000mm　1/16　印张 8½　字数 140 千字
版　　次：2021 年 12 月北京第 1 版第 1 次印刷
定　　价：88.00 元
购书咨询：010-64518888
售后服务：010-64518899
网　　址：http://www.cip.com.cn

前言

PREFACE

近年来，干热岩地热资源、油页岩油气资源、致密油藏稠油资源等一众新资源的开发受到了国家的广泛重视，此类资源开采将普遍采用地下原位注热的技术。在煤矿瓦斯开采的技术理论方面，煤层瓦斯解吸及注热开采的理论与方法一直是煤矿安全工程和岩土工程领域研究的热点和难点，涉及煤体微观变形，瓦斯解吸，煤体温度场、应力场以及水和瓦斯渗流场耦合等理论问题。开展注热强化煤层瓦斯抽采的细观机理与理论研究工作，有利于掌握含瓦斯煤层“压裂—注热—渐进解吸瓦斯”的过程及科学规律，能够为注热开采煤层瓦斯和瓦斯灾害防治工程提供技术支撑和理论指导。本书以注热强化煤层瓦斯抽采技术为研究目标，采用细观与宏观实验、理论分析与数值模拟相结合的方法，对煤层瓦斯赋存与运移的规律进行细致翔实的介绍，主要包含以下几方面的工作。

煤体在瓦斯吸附解吸过程中会发生形变，这种随着吸附瓦斯量变化的吸附膨胀效应会对煤体的渗透率产生很大的影响。考虑温度对瓦斯吸附解吸的影响，借助可变温的瓦斯吸附常数测定仪研究温度作用对煤样吸附常数影响；利用自制的煤样瓦斯吸附装置测定高温下瓦斯吸附解吸特性，从高温瓦斯解吸的角度，进一步论证了煤层瓦斯吸附解吸的规律。

煤岩温度的变化往往伴随煤体骨架的热膨胀、进而导致固体应力场发生变化，导致大量裂纹裂隙的产生、扩展、汇集与贯通。通过实时在线加热观测煤样薄片孔隙演化过程，分析受温度影响煤体渗透率变化的规律，研究煤岩细观结构演化规律，可以有效反映试件内部结构变化程度，结合与渗透率的关系，分析渗透率变化的微观机理。

煤体的压裂—注热强化瓦斯抽采过程涉及煤体应力场、水和瓦斯渗流场以及对流传热温度场的耦合作用、场之间的物理作用过程，以及瓦斯气体的吸附解吸物理化学过程。在理论方面，采用弹性力学、渗流力学、传热学、物理吸附等相关基础理论，分析了煤体骨架应力场、温度场、瓦斯渗流场与瓦斯吸附解吸过程之间相互作用及制约的复杂关系，阐明在水渗流场引导下，温度场的分布与演化规律，进而影响瓦斯吸附解吸过程导致瓦斯渗流场重新分布的作用规律；分析固体应力场与水渗流场、温度场、瓦斯吸附解吸及瓦斯渗流的耦合作用机理。在此基础上建立了注热强化煤层瓦斯抽采的固-流-热耦合数学模型，该模型包含各种反映耦合作用规律的控制方程，各物理场演化的控制方程、源汇项以及初边值条件的处理等，对注热瓦斯开采技术理论的发展具有一定的推动作用。

最后，将数学模型中各控制方程看做四大系统，进行耦合求解。对煤层气渗流方程作线性近似处理，通过相应的泛函方程得到煤层气渗流方程的离散方程，水渗流方程、温度场控制方程和煤岩体变形方程均进行相应处理，解算时，沿时间序列多物理场独立与迭代耦合计算相结合进行求解。本书以西山煤田古交矿区屯兰煤矿为实验井田，模拟计算温度场、瓦斯渗流场、固体应力场的分布情况，分析计算煤层瓦斯含量随温度的变化情况，研究了注热井设置、注热温度、注水压力、抽采负压等条件对抽采效果的影响等，对西山煤田古交矿区屯兰煤矿后期瓦斯注热开采工程方案的实施具有指导意义，同时，在验证方案可行的基础上，对注热强化瓦斯开采工艺的推广具有一定指导意义。

为了方便读者对实验的图形图像有更直观的理解，我们把全书的彩图汇总归纳，制作成二维码，放于封底，有兴趣的读者可扫码查看。

本书由太原科技大学谢建林著。受学识所限，书中难免有不足之处，欢迎各位读者批评指正！

著者

目录

CONTENTS

第1章 绪论

1.1 注热强化煤层瓦斯抽采背景简介

煤层气即煤层甲烷，俗称煤层瓦斯或沼气，是一种在煤化作用过程中形成的，蕴藏于煤层中，以甲烷为主，含重烃气和非烃气自储式非常规天然气藏。煤层气的开发利用能够缓解我国经济发展中能源的供需矛盾、改善能源结构状况、保护大气环境、促进经济和社会的协调与可持续发展[1-7]。可以预见，煤层气将会成为我国继石油和天然气等资源之后的战略性接替能源，因此，开发煤层气具有重大的现实意义和战略意义。

“十二五”期间，我国煤层气累计新增探明地质储量 $3.5\times10^{11}\mathrm{m}^3$，2015年，我国煤层气地质勘查新增储量 $2.6\times10^{9}\mathrm{m}^3$，新增可采储量 $1.3\times10^{9}\mathrm{m}^3$。在世界上我国是继俄罗斯、加拿大之后第三大煤层气高储量国家。然而，2015年全国煤层气产量 $4.4\times10^{9}\mathrm{m}^3$，采收率平均只有23%[8]，随着天然气消费量的快速增长，中国天然气对外依存度达到31.60%[9]。在美国，开采出来的煤层气有10%实现了管道输送，且其中7%供给国内使用外[10]，其余转向出口。目前为止，美国已从天然气消费大国转变成为主要的天然气供应国，并带动世界能源供求关系发生深刻的变革[11]。

与国外相比，我国煤层气储层大多存在低压、低渗、低含气饱和度的特点，直接抽采不仅采收率低还造成了资源的极大浪费。图1-1是我国部分含瓦斯矿区煤层气的采收率，其变化范围为6.7%～76.5%，平均仅有27%。因此，我国要实现煤层气的高效开采，就必须解决采收率过低的问题，这也是煤层气开采行业面临的一个重要问题。国内外一些专家提出了一些可行的增产措施，如：注气[12-17]、水力压裂法[18-23] 等措施。这些方法都能强化煤层气储层压力，使得抽采率有一定提高。为能继续多因素干预煤层渗透率，强化煤层瓦斯抽采，并借鉴注热驱油的成功经验，在煤层注入高温蒸汽或过热水蒸气，通过导热和对流的加热方式使煤体温度升高，以期使吸附在煤层中的瓦斯解吸为游离状态，并在压力驱替下使得煤层气沿煤层流动进入井下抽采通道并回收[24,25]，这种使用温度和压力同时改善煤层的渗透率，并干预吸附煤层气解吸的方法称为注热强化瓦斯抽采技术[26-28]。注热增产法在石油领域已较为成熟，耗能低、作用持久、储层伤害小等优点使其拥有极大的应用空间。将该注热成熟技术引入到煤层气领域中的可行性及适用性也已初步得到证实[29-31]，这也是近来国内外普遍认同并展开研究的一种增产低渗透煤层气产量方式，本书将着重介绍这一方面的研究。

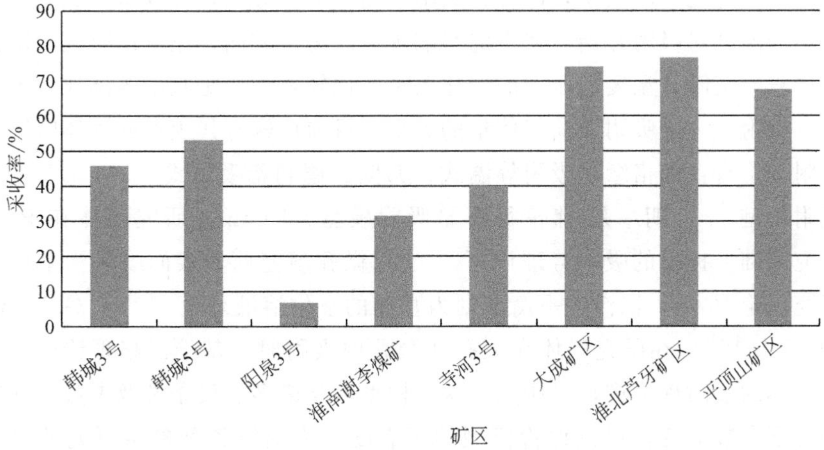

图 1-1　我国部分矿区煤层气采收率

1.2　相关理论的发展现状

1.2.1　煤体瓦斯吸附解吸理论

吸附指发生在两相界面上由于异相分子间的作用力不同于主体相中分子间的作用力，而使相界面上流体的分子密度高于其主体相密度[32]而产生的一种物理化学现象。根据吸附剂与吸附质分子间相互作用力的性质，可分为化学吸附和物理吸附。物理吸附由吸附剂与吸附质分子间的范德华力所引起，吸附力较弱，容易脱附，吸附一般形成单分子吸附层或多分子层，吸附剂对吸附质无选择性，可吸附多种吸附质。化学吸附的实质是由化学键引起，吸附过程犹如发生化学反应，吸附过程不可逆，化学吸附只能形成单分子吸附层，且具有选择性。

煤与瓦斯的吸附主要发生在煤体微孔隙内，被吸附的瓦斯气体因吸附压力、温度、孔隙变形等因素不断发生吸附与解吸过程。大量的实验证明，煤岩与瓦斯之间这种吸附解吸现象为物理吸附过程。随之研究者将未被吸附的瓦斯称为游离态瓦斯，吸附在煤体上的称为吸附态瓦斯，研究二者的转化过程及二者量的变化成为煤与瓦斯吸附研究的关键。

一般研究瓦斯吸附量变化的规律均是研究煤体吸附瓦斯的气体量与瓦斯气体温度、压力之间的关系，即各种吸附平衡式。一方面，可以研究吸附压力一定时不同温度对吸附瓦斯气体量的影响规律，另一方面，也可以研究吸附瓦斯气体体积一定时，温度与压力的变化关系，比较常用的是吸附等温式，即恒温条件下吸附压力与吸附瓦斯气体量的关系。目前比较有代表性的气体吸附模型及吸附理论有：朗格缪尔吸附等温式、弗罗因德利希吸附式[33]、BET 多分子层吸附模型[34]、朗缪尔-弗伦德里希吸附模型、Dubinin 研究团体在 Polanyi 的研究基础上提出的吸附势理论[35,36]、以微孔填充而非表面吸附为基础的微孔填充理论[37,38]、以渗透平衡准则为基础的空位溶液理论[39,40]，G. L. Aranovich 等人[41-44] 在研究气体在大孔和微孔内吸附时，基于晶格理论[45] 对超临界气体的吸附理论进行了研究。这些模型多含诸多假设条件及参数，研究假设条件下参数的变化以及评价模型的可靠度成为围绕各种模型研究的热点问题，目前常用于煤与瓦斯吸附的吸附模型有：朗格缪尔吸附等温式、Freundlich 吸附式、BET 多分子层吸附模型、朗缪尔-弗伦德里希吸附模型。而对于吸附与解吸转化过程的研究，大多集中在外加电场、采动影响、温度、吸附压力变化、孔隙结构、煤岩显微组分等因素对吸附平衡体积的影响。

大量实验研究表明[46-57]，随着温度升高，煤体吸附瓦斯的能力下降；随着吸附压力升高，煤体吸附瓦斯的量增大；随着煤中水分含量的增加，煤吸附瓦斯的量相应地减少。秦勇[58] 研究得出，随着温度升高相同煤样的朗缪尔(Langmuir) 体积减小；压力增大，煤样对甲烷的吸附量增加，吸附量在低压力段急速增高，在高压力段增势趋缓，至饱和状态吸附量不再增加。钟玲文等[59] 通过对有代表性煤样的副样进行不同温度等温吸附实验时发现，压力恒定，甲烷吸附量随温度增加呈线性减少，不同压力、等温条件下不同煤样的吸附量减少幅度各异；温度与压力联合作用，低压力低温度区，压力对煤与甲烷的吸附过程影响更大，随着温度和压力的升高，煤体吸附量增大；在高的压力和温度下，温度对煤吸附能力的影响表现更大。煤变质程度不同，吸附量增大与减少的转折点不同，根据这个条件建立了包括温度、压力、水分、灰分、煤变质等因素在内的接近原地煤层气储集条件下煤层气含量预测方法，该方法已被用来分析和计算煤层气资源储量。牛国庆等[60] 通过研究认为煤体与瓦斯的吸附过程是放热过程，煤体与瓦斯吸附后温度将上升。梁冰[50] 通过实验室实验发现吸附系数 a 值随温度上升而降低，吸附系数 b 值随温度变化的规律不明显，并给出了吸附常数随时间变化的数学表达式。

对于煤孔隙结构变化对煤吸附效应的影响，苏联学者艾鲁尼利用细观电子显微镜技术和X射线衍射分析，得出煤体中80%～90%的瓦斯是以填隙、置换、渗入等方式充填于煤体孔隙中形成的固溶体[61]。钟玲文等[62,63]通过实验发现，煤对甲烷（CH_4）的吸附与储集能力与煤的孔隙度紧密相关，比表面积和孔隙体积越大，煤储集甲烷气体的能力就会越强。

煤岩体显微组分对煤与瓦斯的吸附影响也很大。傅雪海[64,65]通过实验研究，发现Langmuir体积随煤镜质组含量的增加呈减少的趋势，随惰质组含量的增加呈增加的趋势。C. R. Clarkson[66]通过研究认为，煤样镜质组含量最高的其吸附量并非最高。M. N. Lamberson[67]研究发现，丝质组含量最高的煤样，甲烷吸附量和比表面积却最小。富集镜质组或镜质组和丝质组混合的样品中，甲烷吸附量和比表面积却最高，所以得出甲烷吸附量和煤中有机显微组分不是一种简单的关系。

关于瓦斯的解吸、扩散方面，1985年，渡边伊温[68-70]进行了对煤瓦斯解吸特性实验研究。在25℃下，在不同的吸附压力下，对不同粒度的煤种其甲烷在煤粒中解吸动力规律进行了分析，并对其扩散系数进行了测试。实验表明：A. M. Airey所提出的关于解吸速度的公式适用于时间比较长的解吸特性；而B. M. Barrer所提出的解吸公式能很好地表达初始解吸速度。李育辉等[71]提出可用菲克第一、二定律来模拟煤基质中甲烷的质量传递过程。杨其銮[72-74]的实验指出：煤层是一种极限颗粒的集合体，在这些极限颗粒的内部，孔隙阻力是恒定的，它要远大于大孔裂隙的阻力，并基于此测试出了一部分煤样极限颗粒尺寸。1989年，邵军[75]在对常见的煤屑瓦斯解吸公式分析的基础上，提出它们的内在联系，在某些条件下是可以相互转换替代的，并分析了其误差。1995年，陈昌国等[76]测定了不同时间、不同温度无烟煤和其炭化样对甲烷的吸附量，提出了一种三参数扩散控制模型，并基于此模型实验了无烟煤的活化能和扩散系数。A. Marecka[77]分析了煤层裂隙中瓦斯扩散影响因素。M. Jaroniec等[78]研究了在煤层瓦斯扩散中粒度对其的影响，得出了煤的粒度与煤的比表面积基本上是对数的关系，通过实验表明，煤的变质程度及其微孔对瓦斯的解吸起着明显作用。H. Huang[79,80]基于热力学的方法对煤中气体的吸附进行了研究，并用CO_2测定了在25℃温度下煤的比表面积，发现实验误差范围之内，粒度对其测定结果是基本不影响的。H. F. 雅纳斯[81]在对煤中瓦斯在开采过程中的解吸量时，对艾瑞公式和幂函数公式进行了比较，发现瓦斯的游离量是不会超过原始的吸附含量的63.2%，幂函数可以用来描述煤样瓦斯在最初阶段的解吸速度；而指数公式却可以用来描述原始吸附瓦斯含量在全部释放的整个瓦斯解吸过程，但明显地过低估计了解吸过程的开始阶段。

1.2.2 煤体瓦斯渗流理论

瓦斯渗流力学是由采矿学、煤地质学、渗流力学、固体力学以及弹性力学等学科相互渗透、交叉而发展形成的一门新兴学科，研究内容为瓦斯在煤层中的运动规律，至今学科仍在发展过程中，尚未形成独立且完善的科学体系。

围绕瓦斯渗流这一科学与工程问题，研究者针对温度、应力变化、孔隙裂隙演变等因素对渗流过程的影响开展了深入的研究。

从温度作用影响的角度考虑，煤体骨架对温度作用十分敏感，随温度升高，煤基质颗粒粒径、物理性质、热膨胀率以及热弹性性质都会变化，导致颗粒边界的热膨胀不协调，进而在基质间或裂隙内部产生热应力（拉应力或压应力），随温度进一步增高，内部微裂纹会进一步发展变化，产生加宽、连通以及新生裂纹等，在宏观上会引起岩石强度、刚度等产生变化，导致失稳破坏，影响了煤体瓦斯渗流。另外，温度作用会使岩石裂隙持续延伸、使矿物脱水与气化，从而改变岩石的孔隙率，使岩石的渗透率发生极大变化，从而影响了瓦斯在煤体中的渗流过程。吴刚[82]等以焦作砂岩为试样，在常温及100～1200℃温度段对其进行力学特性实验研究，详细分析了加温对砂岩的表观形态、峰值应变、峰值应力、弹性模量、泊松比等的影响变化情况，对于温度对煤体变形有一定参考意义。秦勇、姜波和金法礼等[83,84]通过实验发现温度和围压是引起煤体变形的首要因素，但在不同的煤级和不同的实验条件下，二者所起的作用是不同的。在中煤级阶段，虽然围压增大在一定程度上能够提高煤的强度，但温度作用更为重要。高阶煤在小变形阶段，温度起主导作用；而在大变形阶段，围压则逐渐上升为主导地位。马占国[85-88]等学者研究温度对煤力学特性的影响，得出：在25～50℃温度区间，应变呈增加趋势，煤强度和弹性模量均呈减小趋势；50～100℃温度区间，应变呈减小趋势，煤强度和弹性模量均呈减小趋势；100～200℃温度区间，应变呈增加趋势，煤强度和弹性模量均呈增加趋势；200～300℃温度区间，应变呈增加趋势，煤强度和弹性模量均呈减小趋势，另外，详细研究了各种煤体试样对瓦斯的渗流规律。杨新乐[89,90]通过三轴渗透仪测定了温度、围压、轴压和孔隙压力的不同组合情况下煤层瓦斯的渗透和解吸规律，发现渗透率随温度增加而减小，W. Bodden 指出渗透率会随着埋藏深度增加而降低，认为最佳开采条件是高产气量和储层深度较浅（<1000m）。大量国内外研究已经证实高温处理后的岩体表现出明显的渗透率随温度升高显著升高，为此，注热对深部低渗煤层气储层开采提供了可能。程瑞端[91] 等进行变温条件下的煤样渗流实验，研究了温度和有效应力作用对煤体试件渗透系数的影响规律，得出：煤样渗透系数随有效应力变化符合负指数的规律：$k=k_0 e^{-\alpha\sigma}$；当应力固定时渗透率和温度的关系符合 $k=k_t(1+t)^n$。在较低的有效应力下，高温下渗透率数值比常温下大，在高应力时，高温下渗透率数值则比常温下的低。刘浩[92] 等对煤进行200℃以内的加热实验，探讨了煤岩渗透率与温度之间的关系，发现随着加热温度的逐渐升高，煤样的渗透率不断增大，由初始时的0.5mD增至180℃时的38.9mD，而煤样的质量逐渐下降。在120℃时渗透率和质量均出现一个拐点，之后渗透率继续增大，但质量的变化幅度减小。冯子军[93] 通过实验发现煤体渗透率随温度的变化呈现阶段性，且变化存在一个阈值温度，无烟煤渗透率阈值温度为150～200℃，峰值温度为450～500℃，气煤渗透率的阈值温度为200～250℃。赵阳升等经过研究认为热解条件下煤的渗透率变化有三个阶段，在低温20～300℃阶段，渗透率随温度升高而略微升高；在中温300～400℃阶段，渗透率随温度升高呈现指数增加的现象；在400～600℃出现密集高温热解而产生大量的气体和焦油，使得孔隙率和渗透率线性增大。日本学者大冢一雄[94] 通过对型煤的瓦斯渗透性进行实验，得出了成型煤样的孔隙率及渗透率，并结合毛细管模型研究了型煤渗透率随外载荷和煤粒大小变化的规律。此外，对孔隙压缩系数与渗透率的相关性也进行了研究。R. M. Bustin [95]和C. R. Clarkson [96]研究得出煤层渗透率与煤体显微结构、有效应力、显微组分及组成有关。内生裂隙比较发育的亮煤渗透率最高，暗煤则最低，对应力变化也最敏感，并且得出渗透率递减的顺序为：光亮煤、条带状煤、丝炭、条带状暗煤、暗淡煤。许江等[97] 通过瓦斯渗透实验，得出不同有效应力与温度下，渗透率在煤体蠕变前后的变化规律。马玉林等[98] 通过温控三轴煤层瓦斯渗透仪实验研究了非等温条件下瓦斯的解吸-渗流规律。J. R. Enever 和 A. Henning[99] 通过实验研究揭示了煤层渗透率与最小有效应力呈负指数关系。

从地应力对瓦斯渗流的影响考虑，煤体在应力作用下产生变形，使得煤体中瓦斯的扩散与渗流通道也发生变形，且煤层透气系数对应力非常敏感。唐巨鹏[100] 等发现解吸量、解吸时间与有效应力变化规律均呈负指数递减关系。在加载过程中，有效应力与渗透率、渗透系数关系曲线呈正指数减小；卸载过程中，有效应力与渗透率和渗透系数呈抛物线关系。李志强、鲜学福[101-103]等对不同温度应力条件下煤体渗透性进行实验，发现渗透率随温度的升高呈现两种不同的变化规律，即在高应力条件下，渗透率随温度的升高而降低；在低应力条件下，煤体渗透率随温度的升高而升高，并在程瑞端给出的温度和应力对渗透率关系式的基础上应用分离变量法，探讨了应力、温度共同影响下的渗透率表达式，结合实验室数据，计算了地应力场、地温场中原始煤体的渗透率应力、温度共同影响下的渗透率计算式：$k(\sigma, t)=6.94\exp(-0.01115t-0.0624\sigma)(\sigma>2\mathrm{MPa})$；$k(\sigma, t)=6.94\exp(0.026t-0.0624\sigma)(\sigma<2\mathrm{MPa})$。

从煤体含水的角度考虑，煤体中水分子进入到煤孔隙或裂隙通道中，相应地就会堵塞瓦斯气体扩散与渗流的通道，进而降低煤的吸附解吸能力。桑树勋[104]通过对沁水盆地注水煤样、平衡水煤样、干煤样的等温吸附实验对比研究发现原位状态下煤层中的液态水对煤基质吸附气体的能力影响显著，液态水能够提升煤基质吸附气体的能力，吸附规律更符合 Langmuir 模型；润湿煤基质吸附力的增大是注水煤样吸附气体能力强的主要原因。高压注水后煤样的等温吸附量高于干燥煤样。刘震[105]等通过实验发现相同覆压下，高压注水后，煤样瓦斯渗透率显著高于干燥煤样的渗透率，液态水润湿煤样其渗透率则略低于干燥煤样渗透率。秦文贵[106]等提出了沟通孔隙率的概念，实验室条件下，对采集的五个煤样进行相应的孔隙分析和吸水性分析，指出水能进入，并储存于煤样的孔隙中，该孔隙的最小直径为 0.07～0.22μm，平均为 0.14μm，并给出了沟通孔隙率与煤层注水增量的关系。王兆丰[107]等研究了水分对阳泉 3# 无烟煤瓦斯解吸速度的影响，分别模拟了平衡压力 1MPa 下不同水分含量煤样的瓦斯解吸过程，给出了水分和瓦斯解吸速率之间的半经验公式，并指出当水分达到某一临界值时（实验水分为 11%左右），瓦斯解吸量就不再随着水分的增加而大幅度地降低。肖知国[108]同样以阳泉 3# 煤为研究对象，高压（8～10MPa）注水后煤样孔容、平均孔径、孔隙率及渗透率比注水前分别增加 45.17%、48.88%、46.26%和 122.95%；而且实验煤样孔隙发育，裂隙和大孔占总孔容的 90%以上，过渡孔和微孔占总比表面积的 99%以上，说明高压注水促进了煤体内裂隙的演化。赵东[109]等发现煤试样吸附甲烷和高压注水后，孔隙率都会降低，且水对含瓦斯煤样的解吸能力影响较大，其解吸量只有自然解吸时的 50%～70%，然而注水后的煤样，瓦斯的解吸能力随温度上升逐渐增强，达到或超过水的沸点后，解吸则会发生突变，要高于未注水自然解吸时的解吸率。

1.2.3 耦合作用下瓦斯渗流理论

煤层瓦斯赋存与流动是涉及温度、流体渗流、固体变形等过程，单纯研究某一方面的影响难以全面兼顾影响瓦斯赋存与流动的各个因素，因此，采用数学语言描述瓦斯赋存与流动过程中全部力学现象和物理化学现象的内在联系和运动规律变得十分有必要，即采用低渗透煤层气藏多物理场耦合模型的数值模拟来进行相应的研究，这样就可以定量地分析温度改变条件下煤层瓦斯开采过程中煤体渗透率、孔隙度、热导率、杨氏模量、泊松比等随温度、应力变化的关系；直观反映煤层瓦斯的渗流规律。

我国从 20 世纪 60 年代开始，周世宁院士第一次提出了瓦斯流动理论，对我国瓦斯渗流理论的研究产生极为深刻的影响，奠定了瓦斯渗流理论研究的基础。1992 年，赵阳升[110] 根据瓦斯渗流基本方程以及固体变形方程，结合瓦斯吸附解吸方程提出了煤体瓦斯渗流的固气耦合数学模型，该模型考虑了吸附解吸过程对渗流方程的影响，煤岩体各物理参数随孔隙压的变化规律。耦合方程体现了固体变形与气体渗流相互耦合的机理。随后，赵阳升继续深入研究，完善了均质岩体的固气耦合数学模型及其数值解法[111]，另外，赵阳升对方程的求解也进行了详细的阐述，奠定了瓦斯固气耦合理论研究的基础。2003 年，赵阳升、冯增朝等[112,113] 又提出了块裂介质岩体变形与气体渗流的非线性耦合数学模型，假定煤岩固体是由孔隙-裂隙双重介质基质岩块和岩体裂缝组成的，将基质岩块按拟连续介质模型、裂缝按裂缝介质模型进行模拟，模拟结果表明：裂缝在瓦斯抽放过程中具有重要作用。章梦涛和梁冰[114] 以塑性力学的内变量理论为基础，进一步发展了瓦斯突出的固气耦合数学模型。余楚新、鲜学福[115] 在研究煤层瓦斯渗流有限元分析时给出了瓦斯渗流方程，在方程的右端考虑了瓦斯吸附解吸过程对渗流的影响，左端考虑煤层透气系数和矿山压力的关系，在沿煤层层面方向建立了瓦斯渗流的平面二维模型，并提出了利用伽辽金算法对方程进行有限元计算的思想。刘建军等[116] 建立了煤储层“流-固”耦合渗流模型，将这一模型引入煤层气的赋存、运移和煤体变形的模拟中，建立了比较完善的煤层气储层流固耦合数学模型，是煤层气数值模拟发展的趋势。聂百胜、王恩元、郭勇义、吴世跃[117] 等通过分析煤粒瓦斯解吸-扩散过程，假定较小的煤层孔隙中，瓦斯流动服从菲克扩散定律，建立了瓦斯扩散的球坐标系下的数学模型。盛金昌[118] 通过研究给出了多孔介质流固热三场全耦合数学模型，模型中渗流方程考虑岩体体积应变、流体的热体积膨胀，能量方程假定固体与流体时刻热平衡建立固流统一的能量守恒方程，力平衡方程中考虑孔隙压力及热应力作用，三个物理场的方程之间相互进行耦合，并通过 FEMLAB 工具，将模型转化为统一的微分方程组，对求解过程也进行了详细研究。孔祥言、李道伦[119]等基于线性热弹性理论，介绍了多孔介质热流固耦合渗流数学模型，在模型建立中，考虑了固体和流体密度随温度和压力变化，考虑了孔隙度及液体黏度随温度的变化，详细给出了模型在孔隙裂隙双重介质、各向异性、非饱和渗流等不同条件下的方程形式，并对求解过程进行了探讨，提出了许多有价值的结论。梁冰、刘建军、王锦山[120]等研究了非等温条件下瓦斯的吸附解吸规律，并提出了非等温条件下煤与瓦斯固流耦合的数学模型，并给出用有限元求其数值解的方法。在建立温度场方程时，将煤层中传热过程假定为有内热源的三维非稳态导热问题，瓦斯渗流方程仅考虑固体变形影响，岩体变形方程考虑孔隙压影响，综合煤岩骨架应力与渗透系数关系、弹性模量随孔隙压变化、瓦斯吸附常数随温度变化等因素建立了瓦斯的固流耦合模型。并通过模拟发现：当温度梯度较大时，煤体的拉应力较大，煤体易拉伸破坏，并导致煤与瓦斯突出。孙可明等[121-126]建立了煤层气开采过程中的多相流体流固耦合渗流模型，该模型考虑了气溶于水，气、水两相流，渗流场和煤岩体变形场的耦合作用，物性参数间的相互耦合等因素，在渗流场方程中引入岩土质点的位移分量、固体变形场方程中引入孔隙流体压力、渗流物性参数方程引入有效应力和孔隙流体压力，实现了流固之间相互耦合的机制。杨新乐[127-130]等通过数值仿真得到了煤层气的压力分布曲线，研究了注热与无注热两种条件下，煤层气压力分布的变化情况，结果表明注热后煤层气的产量大幅度增加。此外，康志勤[131,132]等通过高温高压蒸汽作用下油页岩干馏渗透实验及理论研究，建立了原位注蒸汽开发油页岩的固-流-热-化学耦合数学模型。W. Dziurzynski 等[133]在岩石渗透率实验基础上，建立了岩体渗流应力耦合数学模型。O. Schulze 等[134]研究了岩石膨胀性的变化和渗透性。M. T. Oda 等[135]研究认为不管初始损伤还是损伤演化，均会改变岩体孔隙裂隙结构及其渗透特性。唐春安等[136]对采动岩体破裂与岩层移动进行了研究。杨天鸿等[137]假设煤岩的微元强度服从随机分布，基于弹性损伤理论建立了一个考虑损伤、应力和渗流耦合的数值计算模型。张春会等[138]假定煤岩弹性模量和强度符合韦布尔分布，结合煤岩弹塑性理论和瓦斯渗流理论，建立了非均质煤岩渗流-应力弹塑性耦合数学模型。郝建峰等[139]通过研究煤吸附解吸瓦斯的过程，建立了热-流-固耦合模型，并进行了煤与瓦斯相互作用机理数值模拟，发现瓦斯压力梯度对煤体温度、变形、渗透率和瓦斯压力有影响，瓦斯压力梯度逐渐增大，会使煤体温度升高，变形增大，渗透率减小且降低量逐渐减小，瓦斯压力增大，吸附/解吸热效应对煤与瓦斯相互作用关系的影响逐渐减弱。李胜等[140] 考虑了水-瓦斯流动过程，以相对渗流率为桥梁建立了水渗流方程和瓦斯渗流方程，结合孔隙率和渗流率的耦合项，对煤体进行数值模拟，与实际工况结果一致，对瓦斯抽采具有重要指导意义。林柏泉等[141] 基于煤体的各向异性，综合煤体应变场和瓦斯渗流的耦合作用，研究了垂直地应力、不同初始瓦斯应力以及初始渗透率对瓦斯压力的影响，并通过对各向异性煤体的模拟结果，论证了各向异性煤层垂直层理方向有效抽采半径是现场布孔的合理指标。张钧祥等[142] 结合瓦斯流动方程、渗透率动态方程和煤体变形控制方程，构建了瓦斯扩散-渗流运移机理的耦合模型，以真实煤层的参数条件为基础，构建三维瓦斯抽采模型，通过模拟和实验的方法相结合，验证了扩散-渗流耦合模型及三维数值模拟的可靠性，为实际工况生产的安全性提供了保障。

对于模拟求解，国内外学者也尝试了多种途径：A. M. Pavone 和 F. C. Schwerer[143] 以孔隙、裂隙系统、稳态为假设条件，建立了瓦斯气体开采的多项流偏微分方程组的数学模型，采用显性求解方式对其方程组进行求解，并在此基础上研发了计算该类型模型的处理软件 ARRAYS。在同一时间，Ertekin 和 King 设计了与处理软件 ARRAYS 相类似的煤层气计算模型 OSU-1，应用此模型使偏微分方程组在时域与频域上进行中间差分离散。1989 年，美国天然气研究所与其他相关行业联合开发了一款可以对多井和压裂井进行三维仿真的软件 COMETPC-3D。目前，我国在对煤层气开发的数值模拟软件中应用最广泛的当属于 COMET-3D 和 COALGAS 软件，但这两款软件是以美国的地质情况为依据而研发的，不能完全地适用我国极为复杂的地理地貌情况下的煤储层特性。此外，还有流体软件以及对多物理场建模与仿真的 COMSOL 软件等都能进行相应的求解计算。

通过国内外研究现状综述发现，目前针对煤与瓦斯吸附解吸理论的研究已由最初的煤颗粒简单等温吸附解吸向块煤变温吸附解吸的研究转移，尤其是在三轴模拟煤层原位状态下研究煤体对瓦斯的吸附解吸过程，研究者们进行了大量的理论分析、实验研究及现场实测等，取得了丰富的研究成果。

在实验室实验中，研究温度对煤吸附瓦斯的影响结论很多，但实验条件温度均在 100℃以下，很少见高温条件下煤与瓦斯的吸附解吸研究及相关结论。

煤岩结构细观观测研究也是大多数学者关注的焦点，研究多将细观结构的演变跟渗透率表现相结合，直观解释煤岩渗透率变化的相关规律，取得了显著的成果，但细观条件下，变温实时观测的研究却鲜有见到。目前观测效果比较好的扫描电镜等手段均无法实施在线加热，实施加热条件下同步观测研究，这是细观研究领域一个亟待解决的问题。

关于固-流-热瓦斯渗流数值模拟相关理论的研究，不同的学者们均进行了许多有益的尝试，在流固耦合、气固耦合等方面得到了大量有益的结论。但很少将固-流-热三个物理场耦合起来进行研究，特别是系统详细地研究温度作用下瓦斯气体的渗流方程，加之瓦斯气体渗流方程解算时会遇到 p^2 项的问题，处理不好会导致计算结果的发散，这均是研究的难点问题。在煤岩体温度场的模拟中方程也大多采用导热方程的形式，方程简单便于计算，但往往由于煤岩热导率小，加热慢，使得研究没有工程应用价值。在固体变形方程中，往往是考虑有效应力，忽视了瓦斯吸附解吸过程对变形的影响，这些都是目前瓦斯渗流耦合领域需要深入研究的问题。

针对上述问题，有必要以在线即时加热和细观观测结合的方式为手段，改进传统的煤与瓦斯吸附解吸研究思想及实验方法，阐明温度作用下煤体孔隙裂隙发展变化及吸附解吸过程变化的规律，探讨压裂与注热结合综合作用时，煤岩体各个物理场耦合作用的特征及物理量变化规律，同时结合国际上油页岩、页岩气等新型资源热采的先进技术方法，研究煤层气热采的温度、压力控制等。

（1）温度作用对煤体吸附与解吸瓦斯的影响研究

需进一步研究高温作用下煤岩体吸附及解吸瓦斯的规律，阐明温度效应对煤体解吸瓦斯的作用及影响。

（2）温度作用下煤岩体细观结构演化规律需进一步研究

温度作用下煤岩体细观结构演化的规律非常重要。煤岩体细观结构的演变与煤岩体的变形紧密相关，也能窥视煤岩体渗透率的变化，许多学者们通过工业 CT、扫描电镜等手段对煤岩体孔隙裂隙结构的产生、发育与扩展过程进行了详细的研究，取得了许多有价值的结论。但同步在线加热与观测的研究报道很少，特别是高温作用下的研究则更少，通过加装热台的偏光显微镜，能够实现加热、观测、电子拍照同步进行，经过图像处理所得的即时温度下的孔隙裂隙数据对于温度作用的影响机制反映得更准确，需要通过不同的煤岩样在高温下进行详细的实验，开展更加深入的分析研究。

另外，各种显微观测的图像数据处理仍需探索科学的数据处理方法，细观实验的试件很小，图像分析中依靠像素为单元来进行定量的分析研究，需要尽量避免在实验分析时对图像进行人工的摘选及统计，达到对所有因变量作用下图像序列的同标准同规则很重要，需要形成成熟的数据处理方法。

（3）多场耦合作用的机理分析及数值模拟技术尚待进一步完善

耦合作用下，各个物理场之间相互影响的机理需待进一步分析研究。煤岩体变形、温度作用与瓦斯渗流的耦合作用研究很复杂，既要研究达西定律、渗透率、吸附解吸规律等物性方程对煤岩体作用的规律，又要探索各个场方程耦合的作用机制，参数传递与影响的作用机制等。在解算方法上，方程的高度非线性导致解极易发散，既要满足精度的要求又要兼顾非稳态研究的连续性，导致探索并找到科学可行的解算方法非常关键。这些问题都需要深入的分析与研究。

1.3 本书内容简介

煤体瓦斯的解吸是煤与瓦斯渗流排放、抽采的基础，而温度作用是引起吸附态瓦斯解吸的关键。通过压裂过程，大量的煤体微裂隙产生、发育、扩充及连通等导致瓦斯渗流的通道被大大加强，压裂过程强制对流传热引起煤体温度迅速升高，温度场重新分布，带来煤体瓦斯解吸、渗流及排放的极大增强。本书以不同煤种煤样试件为对象，以温控精度 0.1℃的热台、放大倍数 500 倍的偏光显微镜、工业 CT 实验机、wy-98a 瓦斯吸附常数测定仪、WSM-100KN 压力实验机为研究设备，以在线加热同步即时观测的方式，以高清 CCD 图像传输、色阶分级图像处理的研究手段，综合理论分析、实验研究、数值模拟的方法，分析了含瓦斯煤层“压裂-注热-渐进解吸瓦斯”的过程所表现的现象与规律。

1.3.1 主要内容

（1）开展随温度变化煤体瓦斯吸附解吸规律的实验研究

研制高温作用煤体实验装置，研究温度作用下煤体吸附与解吸瓦斯的特性、煤体吸附解吸速度变化的特性，剖析瓦斯吸附解吸曲线，阐述煤体瓦斯微观吸附解吸机理。

（2）开展瓦斯含量对煤样试件变形影响的研究

有研究表明，煤体吸附瓦斯后会发生膨胀，解吸瓦斯后会发生收缩，煤体随着吸附瓦斯量变化的这种膨胀吸附效应会对煤体的渗透率产生很大的影响。多数学者从修正的太沙基有效应力关系开始，明确总应力、骨架应力以及有效应力的关系，以此计算并得出煤体应变的变化规律。但对煤与瓦斯这种特殊的多孔介质与气体赋存体系，其中隐含吸附与解吸过程，从实验来看这一过程对煤样的变形有着巨大的影响。随着瓦斯含量增加，孔隙压增加，吸附态瓦斯含量也在增加，煤样吸附瓦斯引起的变形对煤体变形的影响不可忽略。

通过选定的轴压与侧压，进行瓦斯吸附实验，在不同的瓦斯孔隙压下测量煤体的变形量。每个孔隙压测量达四个小时左右（吸附基本完成），然后增加至下一级孔隙压，直至一组孔隙压由低到高全部测量完毕，通过统计分析方法，提出孔隙裂隙受温度影响的变化机理，从细观层面解释煤岩渗透率的演化机理。

（3）开展随温度变化煤岩细观结构演化规律的实验研究

温度变化是煤岩吸附解吸瓦斯的关键因素，而煤岩温度的变化往往伴随煤体骨架的热膨胀，进而导致固体应力场发生变化，导致大量裂纹裂隙的产生、扩展、汇集与贯通，研究煤岩细观结构演化规律，可以有效反映试件内部结构变化程度，结合与渗透率的关系，分析渗透率变化的微观机理。

（4）开展注热强化煤层瓦斯抽采的固-流热耦合数学模型研究

瓦斯渗流过程受煤体骨架变形与温度作用影响，在瓦斯渗流方程推导过程中假定煤体骨架变形即煤体孔隙变形，研究孔隙率变化对瓦斯渗流压力的影响。瓦斯吸附常数 a、b 值受温度作用变化明显，渗流方程右侧考虑瓦斯含量随温度的变化关系，即考虑$\partial T/\partial t$ 项，反映温度对煤体瓦斯渗流过程的影响，渗透系数 k_i 受孔隙压力和体积应力的共同影响，即 $k_i=k\ (\Theta,p)$，方程的右端增加$\partial n/\partial t$ 项，以反映有效应力改变导致煤体孔隙率的变化，进而导致瓦斯压力改变的规律；在煤体变形方程中，考虑孔隙压力、瓦斯吸附解吸过程对固体变形的影响。

建立各个物理场的控制方程后，开展各物理场之间相互作用、相互影响的耦合机制研究。

（5）开展固-流热耦合数值模拟研究

煤体瓦斯固-流热耦合数学模型求解非常复杂，方程组中包含了函数 P、μ、v、w、n、s、T 与自变量 t、x、y、z，即使在一维条件下，方程也很难获得解析解，必须针对该数学模型开展研究，寻求科学合理的数值解法，探讨多场耦合作用下瓦斯渗流的规律。

该模型数值解法的总体思路为：首先对瓦斯气体渗流方程进行线性近似，

然后按照时间序列，将时间 $t=t_0$ 时刻的煤体温度初值（$T=T_0$）代入温度场方程进行计算，将计算结果代入固体变形方程，求得 $t=t_0$ 时刻的固体变形，将固体变形结果以及温度方程计算结果、饱和度初值代入瓦斯渗流方程及水渗流方程，计算 $t=t_0$ 时刻的瓦斯压力。将四个方程看做一个整体，不断循环迭代计算，直至达到精度要求。按照上述步骤开展对时间序列的循环，求得$t_1=t_0+\nabla t_1$、$t_2=t_0+\nabla t_2$、…下的各个函数值。

1.3.2 关键技术

（1）理论分析

采用弹性力学、岩石力学、渗流力学、传热学、物理吸附理论等相关知识，分析煤体在压裂和注热条件下的应力-应变特性、吸附解吸的物理化学特性以及瓦斯的渗流特性。阐明在水渗流场引导下，温度场的分布与演化规律，进而影响瓦斯吸附解吸过程，导致瓦斯渗流场重新分布的作用规律；分析固体应力场与水渗流场、温度场、瓦斯吸附解吸及瓦斯渗流的耦合作用机理。

（2）实验研究

实验室实验，借助 wy-98a 瓦斯吸附常数测定仪研究温度作用对煤样吸附常数影响，利用自制的煤样瓦斯吸附装置测定高温下瓦斯吸附解吸特性，掌握不同温度下煤样吸附常数的变化规律。

采用太原理工大学煤科学与技术教育部重点实验室的偏光显微镜 LeicaD-MRX 及热台装置，实时在线加热观测煤样薄片孔隙演化过程，分析受温度影响煤体渗透率变化的规律。

采用太原理工大学原位改性采矿省部共建教育部重点实验室 μCT225kVFCB 型高精度显微 CT 系统，分析煤样受温度影响，孔隙率的变化规律。

（3）数值模拟

结合固流热耦合数学模型研究现状，分析各种模型的优缺点。充分考虑瓦斯渗流过程固体骨架变形、温度作用随时间变化的规律、瓦斯吸附解吸过程、热导率渗透系数变化等因素的影响，以固体力学、渗流力学、传热学基本理论为基础，建立注热强化瓦斯抽采的固-流-热耦合数学模型。

对数学模型进行简化，将空间采用有限元方法、时间采用有限差分法进行线性近似，沿时间序列多物理场独立与迭代耦合计算相结合进行求解。

以西山煤田古交矿区屯兰煤矿为实验井田，模拟计算温度场、瓦斯渗流场、固体应力场的分布情况，分析计算煤层瓦斯含量随温度的变化情况，分析注热井位置对抽采效果的影响等。

参考文献

[1] 穆福元，赵先良，吴丽萍，等. 中国煤层气的产业运行规则与完善 [J]. 中国矿业，2016，25 (08)：1-4.

[2] 叶建平，陆小霞. 我国煤层气产业发展现状和技术进展 [J]. 煤炭科学技术，2016，44 (1)：24-28.

[3] 李辛子，王运海，姜昭琛，等. 深部煤层气勘探开发进展与研究 [J]. 煤炭学报，2016，41 (01)：24-31.

[4] 李五忠，孙斌，孙钦平，等. 以煤系天然气开发促进中国煤层气发展的对策分析 [J]. 煤炭学报，2016，41 (01)：67-71.

[5] 余泽. 煤层气资源的开发与利用 [J]. 科学大众（科学教育），2016，03：184+191.

[6] 张遂安，袁玉，孟凡圆. 我国煤层气开发技术进展 [J]. 煤炭科学技术，2016，44 (05)：1-5.

[7] 白优. 煤与煤层气协调开发模式研究 [J]. 石化技术，2016，23 (03)：138.

[8] Lu T，et al. Improvement of methane drainage in high gassy coal seam using waterjet technique. International Journal of Coal Geology，2009，79 (1-2)：40-48.

[9] 王刚，王德利. 煤层气田增产与提高采收率技术研究进展 [J]. 煤，2015，24 (2)：45-48.

[10] Wang G，Zhang X，Wei X，et al. A review on transport of coal seam gas and its impact on coalbed methane recovery [J]. Frontiers of Chemical Science and Engineering，2011，5 (2)：139-161.

[11] 徐鑫，梁萌. 提高煤层气采收率的方法和技术进展 [J]. 中国煤层气，2016，13 (3)：3-6.

[12] 巩跃斌，华明国，刘垒. 高瓦斯矿井长钻孔 CO_2 气相压裂增透试验研究 [J]. 煤，2018，27 (11)：11-13.

[13] 高远文，姚艳斌，郭广山. 注气提高煤层气采收率研究进展 [J]. 资源与产业，2007，9 (06)：105-108.

[14] 马砺，魏高明，李珍宝，等. 高瓦斯煤层注液态 CO_2 压裂增透技术试验研究 [J]. 矿业安全与环保，2018，45 (5)：12-17.

[15] 李军军，郝春生，王维，等. 氮气震动压裂解堵工艺在煤层气井储层改造中的应用 [J]. 煤矿安全，2018，49 (10)：147-151.

[16] 杨文清，李宝印. 注气欠平衡技术在彬长矿区煤层气钻井中的应用 [J]. 中国煤炭地质，2016，28 (5)：58-60.

[17] 孙晓飞，张艳玉，李凯，等. 基于 Maxwell-Stefan 双扩散模型的煤层气注气数值模拟 [J]. 中国石油大学学报（自然科学版），2016，(3)：113-120.

[18] 姚舜才，马铁华，李峰. 煤层气水力压裂非线性滑模控制器设计 [J]. 工矿自动化，

2016，(3)：69-74.
[19] 耿铁鑫，孙仁远，王世辉.煤层气水力压裂工艺技术 [J]. 大庆石油地质与开发，2015，06：171-174.
[20] 王云宏，董蕊静.煤层气井水力压裂微地震正演模拟研究 [J]. 煤炭科学技术，2016，(S1)：137-141.
[21] 饶兴江.肥田煤矿水力压裂增透技术试验 [J]. 陕西煤炭，2018，37 (05)：47-50.
[22] 刘海，王龙.低渗煤层淹没射流扩孔瓦斯抽采有效影响半径模拟研究 [J]. 煤炭科学技术，2019，47 (08)：135-141.
[23] 高鑫浩，王明玉.水力压裂-深孔预裂爆破复合增透技术研究 [J]. 煤炭科学技术，2020，48 (07)：318-324.
[24] 冯增朝，赵阳升，赵东，等.一种井下注热抽采煤层瓦斯的方法. CN 2010101803540 [P]. 2010-09-15.
[25] 冯增朝，赵阳升，吕兆兴，等.加热煤层抽采煤层气的方法. CN 200810079794X [P]. 2009-04-29.
[26] 张烈辉，陈军，任德雄，等.用热采模型模拟煤层气开采过程 [J]. 天然气工业，2001，21 (6)：20-22＋112-113.
[27] 郝敏钗.低渗透煤层气注热开采过程效率分析 [J]. 煤炭技术，2016，(1)：19-21.
[28] 任常在，代元军，赵龙广.低渗透煤层气间歇注热实验研究 [J]. 煤炭技术，2016，(1)：22-24.
[29] 王健.稠油热力开采技术研究 [J]. 中国石油和化工标准与质量，2012，33 (z1)：234.
[30] 孙伯英.注蒸汽和热气可增加低产井产量 [J]. 石油石化节能，2000，3：58.
[31] 凌建军，黄鹏.国外水平井稠油热力开采技术 [J]. 石油钻探技术，1996，24 (4)：44-47.
[32] Gregg S J，Sing K S. Adsorption，surface area and porosity [M]. London：Academic press，1982：220-221.
[33] 于洪观，范维唐，孙茂远，等.煤中甲烷等温吸附模型的研究 [J]. 煤炭学报，2004，29 (4)：463-467.
[34] 于洪观，范维唐，孙茂远，等.煤对超临界甲烷的吸附与解吸特性研究 [J]. 煤炭转化，2004，27 (2)：37-40.
[35] 祝立群，涂晋林，施亚钧.吸附势理论推算混合气在载铜活性炭上的吸附平衡 [J]. 化工学报，1991 (6)：146-149.
[36] 李明，顾安忠，鲁雪生，等.吸附势理论在甲烷临界温度以上吸附中的应用 [J]. 天然气化工，2003，28 (5)：28-31.
[37] 谢自立，郭坤敏.微孔容积填充吸附理论的研究 [J]. 化工学报，1995，46 (4)：452-457.
[38] 陈昌国，鲜晓红，张代钧，等.微孔填充理论研究无烟煤和炭对甲烷的吸附特性

[J]. 重庆大学学报，1998，21 (2)：75-79.
[39] Suwanayen S，Danner R P. A gas adsorption isotherm based on vacancy solution theory [J]. Aiche Journal，1980，26 (1)：68.
[40] 杨向平，李阳初，沈复. 能量不均匀固体表面上多元非理想溶液的吸附等温线模型[J]. 化工学报，1998 (2)：155-161.
[41] Aranovich G L. Donohue M D. Predictions of multilayer adsorption using lattice theory [J]. Journal of Colloid and Interface Science，1997，189 (1)：101-108.
[42] Aranovich G L，Donohue M D. Vapor adsorption on microporous adsorbents [J]. Carbon，2000，38 (5)：701-708.
[43] Aranovich G L，Donohue M D. Adsorption of super-critical fluids [J]. Journal of Colloid and Interface Science，1996，180 (2)：537-541.
[44] Aranovich G L，Donohue M D. Vapor adsorption on microporous adsorbents [J]. Carbon，1995，33 (10)：1369-1375.
[45] 胡英，刘国杰，徐英年，等. 应用统计力学 [M]. 北京：化学工业出版社，1990：298-306.
[46] 叶振华. 吸着分离过程基础 [M]. 北京：化学工业出版社，1988.
[47] 周理，吕昌忠，王怡林，等. 述评超临界温度气体在多孔固体上的物理吸附 [J]. 化学进展，1999，11 (3)：221-225.
[48] 张小东，张子戌. 煤吸附瓦斯机理研究的新进展 [J]. 中国矿业，2008，17 (6)：70-72.
[49] 田永东，李宁. 煤对甲烷吸附能力的影响因素 [J]. 西安科技大学学报，2007，27 (2)：247-250.
[50] 梁冰. 温度对煤的瓦斯吸附性能影响的实验研究 [J]. 黑龙江矿业学院学报，2000，10 (1)：20-22.
[51] 张庆玲，崔永君，曹利戈. 压力对不同变质程度煤的吸附性能影响分析 [J]. 天然气工业，2004，24 (1)：98-100.
[52] Krooss B M，Van Bergen F. High pressure methane and carbon dioxide adsorption on dry and moisture equilibrated Pennsylvanian coals [J]. International Journal of Coal Geology，2002，51 (2)：69-91.
[53] Hackley P C，Warwick P D，Breland F C. Organic petrology and coalbed gas content content，Wilcox Group (Paleocene-Eocene)，northern Louisiana [J]. International Journal of Coal Geology，2006，71 (1)：54-71.
[54] Hildenbrand B M，Busch A，et al. Evolution of methane sorption capacity of coal seams as a function of burial history-a case study from the Campine [J]. International Journal of Coal Geology，2006，66 (3)：179-203.
[55] 谢振华，陈绍杰. 水分及温度对煤吸附甲烷的影响 [J]. 北京科技大学学报，2007，

29（2）：42-44.
[56] 降文萍，崔永君，钟玲文，等.煤中水分对煤吸附甲烷影响机理的理论研究［J］.天然气地球科学，2007，18（4）：576-579.
[57] 张占存，马丕梁.水分对不同煤种瓦斯吸附特性影响的实验研究［J］.煤炭学报，2008，33（2）：144-147.
[58] 秦勇，宋全友，傅雪海.煤层气与常规油气共采可行性探讨［J］.天然气地球科学，2005，16（4）：492-498.
[59] 钟玲文，郑玉柱，员争荣，等.煤在温度和压力综合影响下的吸附性能及气含量预测［J］.煤炭学报，2002，27（6）：581-585.
[60] 牛国庆，颜爱华，刘明举.瓦斯吸附和解吸过程中温度变化实验研究［J］.辽宁工程技术大学（自然科学版），2003，22（2）：155-157.
[61] 艾鲁尼.煤矿瓦斯动力现象的预测和预防［M］.唐修义，等译.北京：煤炭工业出版社，1992：67-69.
[62] 钟玲文，张慧，员争荣，等.煤的比表面积孔体积及其对煤吸附能力的影响［J］.煤田地质与勘探，2002，30（3）：26-29.
[63] 钟玲文.煤的吸附性能及影响因素［J］.地球科学，2004，29（3）：327-332.
[64] 傅雪海，焦宗福，秦勇，等.低煤级煤平衡水条件下的吸附实验［J］.辽宁工程技术大学学报，2005，24（2）：161-164.
[65] 傅雪海，秦勇，李贵中，等.特高煤级煤平衡水条件下的吸附实验［J］.石油实验地质，2002，24（2）：177-180.
[66] Clarkson C R，Bustin R M. Binary gas adsorption/desorption isotherms：effect of moisture and coal composition upon carbon dioxide selectivity over methane［J］. International Journal of Coal Geology，2000，42（4）：241-271.
[67] Lamberson M N，Bustin R M. Coalbed methane characteristics of gates formation coals，Northeastern British Columbia：Effect of maceral composition［J］. AAPG，1993，77（12）：2062-2076.
[68] 渡边伊温，辛文.关于煤的瓦斯解吸特征的几点考察［J］.煤矿安全，1985（4）：52-60.
[69] 渡边伊温，辛文.北海道煤的瓦斯解吸特性及瓦斯突出性指标［J］.煤矿安全，1985（1）：47-56.
[70] 渡边伊温，辛文.作为煤层瓦斯突出指标的初煤瓦斯解吸速度-关于 K_t 值法的考察［J］.煤矿安全，1985（5）：56-73.
[71] 李育辉，崔永君，钟玲文，等.煤基质中甲烷扩散动力学特性研究［J］.煤田地质与勘探，2005，33（6）：31-34.
[72] 杨其銮，王佑安.瓦斯球向流动的数学模拟［J］.中国矿业大学学报，1988，3：55-61.
[73] 杨其銮.煤屑瓦斯放散随时间变化规律的初步探讨［J］.煤矿安全，1986，4：3-11.

[74] 杨其銮. 关于煤屑瓦斯放散规律的实验研究 [J]. 煤矿安全，1987，18 (2)：9-16.
[75] 邵军. 关于煤屑瓦斯解吸公式的探讨 [J]. 煤炭工程师，1989，(3)：21-27.
[76] 陈昌国，鲜小红. 无烟煤及其炭化样吸附瓦斯的动力学研究 [J]. 重庆大学学报，1995，18 (3)：76-79.
[77] Marecka A. Effect of grain size on diffusion of gases in coal [J]. Coal Science，2008，(5)：23-23.
[78] Jaroniec M，Lu X，Madey R，et al. Use of argon adsorption isotherms for characterizing microporous activated carbons [J]. Fuel，1990，69 (4)：516-518.
[79] Huang H，Bodily D M，Hucka V J. Determination of the CO_2 surface area of coal by continuous gas desorption at 298K [J]. Coal Science and Technology-Amaterdam，1995：11.
[80] Huang H，Bodily D M，Hucka V J. Study of the thermodynamics of gas adsorption on coal by a GC method [J]. Coal Science and Technology-Amaterdam，1995：3.
[81] 雅纳斯 H F. 煤样的瓦斯解吸过程 [J]. 于策，译. 煤炭工程师，1992 (2)：52-56.
[82] 吴刚，王德咏，翟松韬. 单轴压缩下高温后砂岩的声发射特征 [J]. 岩土力学，2012，33 (11)：3237-3242.
[83] 秦勇，姜波，曾勇，等. 中国高煤级煤 EPR 阶跃式演化及地球化学意义 [J]. 中国科学 (D辑)，1997，27 (6)：499-502.
[84] 姜波，秦勇，金法礼. 高温高压下煤超微构造的变形特征 [J]. 地质科学，1998，33 (1)：17-24.
[85] 马占国，茅献彪，李玉寿，等. 温度对煤力学特性影响的实验研究 [J]. 矿山压力与顶板管理，2005，22 (3)：46-48.
[86] 马占国，赵国贞，兰天，等. 采动岩体瓦斯渗流规律研究 [J]. 辽宁工程技术大学学报 (自然科学版)，2011，30 (4)：497-500.
[87] 马占国，兰天，潘银光，等. 饱和破碎泥岩蠕变过程中孔隙变化规律的实验研究 [J]. 岩石力学与工程学报，2009，28 (7)：1447-1454.
[88] 马占国，缪协兴，陈占清，等. 破碎煤体渗透特性的实验研究 [J]. 岩土力学，2009，30 (4)：985-988.
[89] 杨新乐，张永利. 气固耦合作用下温度对煤瓦斯渗透率影响规律的实验研究 [J]. 地质力学学报，2008，14 (4)：374-380.
[90] 杨新乐，张永利，李成全，等. 考虑温度影响下煤层气解吸渗流规律实验研究 [J]. 岩土工程学报，2008，30 (12)：1811-1814.
[91] 程瑞端，陈海焱，鲜学福，等. 温度对煤样渗透系数影响的实验研究 [J]. 煤炭工程师，1998，1：13-17.
[92] 刘浩，蔡记华，肖长波，等. 热处理提高煤岩渗透率的机理 [J]. 石油钻采工艺，2012，34 (04)：96-99.

[93] 冯子军，万志军，赵阳升，等.高温三轴应力下无烟煤、气煤煤体渗透特性的实验研究 [J].岩石力学与工程学报，2010，29 (4)：689-696.
[94] 大冢一雄.煤层瓦斯渗透性的研究—粉煤成型煤样的渗透率 [J].煤矿安全，1982，(11)：11-16.
[95] Bustin R M. Importance of fabric and composition on the stress sensitivity of permeability in some coal，northern Sydney basin，Australia：relevance to coalbed methane exploitation [J]. AAPG Bulletin，1997，81 (11)：1894-1908.
[96] Clarkson C R，et al. 加拿大科迪勒拉白垩系煤的渗透率随煤岩类型和煤岩显微组分组成的变化 [J].李贵中，译.煤层气，1997，14 (3)：12-22.
[97] 许江，彭守建，陶云奇，等.蠕变对含瓦斯煤渗透率影响的实验分析 [J].岩石力学与工程学报，2009，28 (11)：2273-2279.
[98] 马玉林，张永利，程瑶等.低渗透煤层瓦斯解吸渗流规律的实验研究 [J].煤矿安全，2009，40 (4)：1-4.
[99] Enever J R，Henning A. The relationship between permeability and effective stress for Australian coal and its implications with respect to coalbed methane exploration and reservoir modeling [C]. Proceedings of the 1997 International Coalbed Methane Symposium. Tuscaloosa，AL，USA：University of Alabama，1997，22.
[100] 唐巨鹏，潘一山，李成全，等.有效应力对煤层气解吸渗流影响实验研究 [J].岩石力学与工程学报，2006，25 (08)：1563-1568.
[101] 李志强，鲜学福.煤体渗透率随温度和应力变化的实验研究 [J].辽宁工程技术大学学报（自然科学版），2009，28：156-159.
[102] 李志强，鲜学福，隆晴明.不同温度应力条件下煤体渗透率实验研究 [J].中国矿业大学学报，2009，38 (4)：523-527.
[103] 程瑞端，陈海焱，鲜学福，等.温度对煤样渗透系数影响的实验研究 [J].煤炭工程师，1998，(1)：13-16.
[104] 桑树勋，秦勇，郭晓波，等.准噶尔和吐哈盆地侏罗系煤层气储集特征 [J].高校地质学报，2003，9 (3)：365-371.
[105] 刘震，李增华，杨永良，等.水分对煤体瓦斯吸附及径向渗流影响实验研究 [J].岩石力学与工程学报，2014，33 (03)：586-593.
[106] 秦文贵，张延松.煤孔隙分布与煤层注水增量的关系 [J].煤炭学报，2000，25 (05)：514-517.
[107] 王兆丰，李晓华，戚灵灵，等.水分对阳泉 3 号煤层瓦斯解吸速度影响的实验研究 [J].煤矿安全，2010，41 (07)：1-3.
[108] 肖知国，戚灵灵.高压注水影响阳泉 3 号煤孔隙特性的实验研究 [J].中国安全科学学报，2015，25 (04)：99-104.
[109] 赵东.水-热耦合作用下煤体瓦斯的吸附解吸机理研究 [D].太原：太原理工大学，2012.

[110] 赵阳升.煤层瓦斯流动的固结数学模型 [J].山西矿院学报，1990，8 (1)：16-22.
[111] 赵阳升.煤体-瓦斯耦合数学模型及数值解法 [J].岩石力学与工程学报，1994，13 (3)：230-239.
[112] 赵阳升，胡耀青，赵宝虎，等.块裂介质岩体变形与气体渗流的耦合数学模型及其应用 [J].煤炭学报，2003，28 (1)：41-45.
[113] 冯增朝，赵阳升，文再明.煤岩体孔隙裂隙双重介质逾渗机理研究 [J].岩石力学与工程学报，2005，24 (2)：236-240.
[114] 梁冰，章梦涛，潘一山，等.煤和瓦斯突出的固流耦合失稳理论 [J].煤炭学报，1995，20 (5)：492-496.
[115] 余楚新，鲜学福.煤层瓦斯渗流有限元分析中的几个问题 [J].重庆大学学报，1994，17 (4)：58-63.
[116] 刘建军，刘先贵.煤储层流固耦合渗流的数学模型 [J].焦作工学院学报，1999，18 (6)：397-401.
[117] 聂百胜，王恩元，等.煤粒瓦斯扩散的数学物理模型 [J].辽宁工程技术大学学报 (自然科学版)，1999，18 (6)：582-585.
[118] 盛金昌.多孔介质固流热三场全耦合数学模型及数值模拟 [J].岩石力学与工程学报，2006，1：3028-3033.
[119] 孔祥言，李道伦，徐献芝，等.热-流-固耦合渗流的数学模型研究 [J].水动力学研究与进展，2005，20 (2)：270-275.
[120] 梁冰，刘建军，王锦山.非等温情况下煤和瓦斯固流耦合作用的研究 [J].辽宁工程技术大学学报 (自然科学版)，1999，18 (5)：483-486.
[121] 孙可明，梁冰，王锦山.煤层气开采中两相流阶段的流固耦合渗流 [J].辽宁工程技术大学学报，2001，18 (6)：397-401.
[122] 孙可明，潘一山，梁冰.流固耦合作用下深部煤层气井群开采数值模拟 [J].岩石力学与工程学报，2007，26 (5)：994-1001.
[123] 孙可明，梁冰，朱月明.考虑解吸扩散过程的煤层气流固耦合渗流研究 [J].辽宁工程技术大学学报 (自然科学版)，2001，20 (4)：548-549.
[124] 孙可明.煤层气注气开采多组分流体扩散模型数值模拟 [J].辽宁工程技术大学学报，2005，24 (3)：305-308.
[125] 孙可明，梁冰，薛强.煤层气在非饱和水流阶段的非定常渗流摄动解 [J].应用力学学报，2002，19 (4).
[126] 孙可明，梁冰，薛强.煤层气非饱和流阶段非稳态流固耦合渗流的一维摄动解析解 [J].湘潭矿业学院学报，2002，17 (2)：12-16.
[127] 杨新乐，张永利，李成全，等.考虑温度影响下煤层气解吸渗流规律实验研究 [J].岩土工程学报，2008，30 (12)：1811-1814.
[128] 杨新乐，任常在，张永利，等.低渗透煤层气注热开采热-流-固耦合数学模型及数

值模拟 [J]. 煤炭学报，2013，38 (6)：1044-1049.

[129] 杨新乐，张永利. 热采煤层气藏过程煤层气运移规律的数值模拟 [J]. 中国矿业大学学报，2011，40 (1)：89-94.

[130] 杨新乐，张永利，肖晓春. 井间干扰对煤层气渗流规律影响的数值模拟 [J]. 煤田地质与勘探，2009，37 (4)：26-29.

[131] 康志勤，吕兆兴，杨栋，等. 油页岩原位注蒸汽开发的固流热化学耦合数学模型 [J]. 西安石油大学学报，2008，23 (4)：30-34.

[132] 康志勤. 油页岩热解特性及原位注热开采油气的模拟研究 [D]. 太原：太原理工大学，2008.

[133] Dziurzynski W，Krach A. Mathematical model of methane emission caused by a collapse of rock mass crump [J]. Archives of Mining Sciences，2001，46 (4)：433-449.

[134] Schulze O，Popp T，Kem H. Development of Damage and Permeability in Deforming Rock Salt [J]. Engineering Geology，2001，61 (2)：163-180.

[135] Oda M T，Takemura A，Aoki T. Damage growth and permeability change in triaxial compression tests of India granite [J]. Mechanics of materials，2002，34 (6)：313-331.

[136] 唐春安，于广明，刘红元，等. 采动岩体破裂与岩层移动数值实验 [M]. 长春：吉林大学出版社，2003：28-32.

[137] 杨天鸿，徐涛，刘建新，等. 应力-损伤-渗流耦合模型及在深部煤层瓦斯卸压实践中的应用 [J]. 岩石力学与工程学报，2005，24 (16)：2900-2905.

[138] 张春会，于永江，赵全胜. 非均匀煤岩渗流-应力弹塑性耦合数学模型及数值模拟 [J]. 岩土力学，2009，30 (9)：2837-2842.

[139] 郝建峰，梁冰，孙维吉，等. 考虑吸附/解吸热效应的含瓦斯煤热-流-固耦合模型及数值模拟 [J]. 采矿与安全工程学报，2020，37 (06)：210-218.

[140] 李胜，毕慧杰，范超军，等. 基于流固耦合模型的穿层钻孔瓦斯抽采模拟研究 [J]. 煤炭科学技术，2017，45 (5)：121-127.

[141] 林柏泉，宋浩然，杨威，等. 基于煤体各向异性的煤层瓦斯有效抽采区域研究 [J]. 煤炭科学技术，2019，(6)：139-145.

[142] 张钧祥，李波，韦纯福，等. 基于扩散-渗流机理瓦斯抽采三维模拟研究 [J]. 地下空间与工程学报，2018，14 (1)：109-116.

[143] Pavone A M，Schwerer F C. Development of coal gas production simulators and mathematical models for well test strategies (computer model for an array of vertical wells and overview of contract results). Final report，May 1981-December 1983 [R]. United States Steel Corp，Monroeville，PA. Technical Center，1984.

第2章 注热强化煤样瓦斯解吸

煤体是一种天然的吸附剂，煤表面分子多余的自由引力场将会吸引 CH_4 分子，使得物理吸附作用成为 CH_4 分子在煤体中存在的主要因素，在煤层原位状态下，甲烷主要以吸附态赋存于煤层中[1,2]，煤层中甲烷的这种吸附平衡状态能通过温度的升高使其迅速向解吸态转化。历年来，国内外的学者对煤体瓦斯的吸附特性进行了深入的研究，包括确定煤体瓦斯饱和吸附量及对吸附理论模型和影响因子的研究等。其中，梁冰[3-5] 通过对不同温度场下煤体瓦斯的吸附情况的研究，分析了朗格缪尔方程中的吸附常数 a、b 值，得出 a 值会随温度的升高而降低，b 值则没有明显变化。赵志根、唐修义[6,7] 等研究了较高温度下（在 30℃、50℃、70℃条件下）煤体瓦斯等温吸附实验，用 $a=A\times B^T$ 和 $a=A\times T^B$ 两种模型对吸附常数进行了拟合，得出随温度升高，瓦斯饱和吸附量降低，但最终趋于一个稳定值。进一步指出随着埋深的增加，在深部（约 1500～2000m 以下），煤的气体吸附量因气体压力的影响已经不占主要作用，而煤种、温度和埋深是预测甲烷含量的主要因素。许江、张丹丹[8,9] 等研究认为煤基质的内部结构会因温度的升高而改变，同时也影响煤体吸附瓦斯的性能，使得游离瓦斯含量增大；张群[10] 等选取有代表性煤阶的系列煤样，如暗褐煤、气煤、焦煤、贫煤、无烟煤和超变无烟煤等，并选取 20℃、30℃、40℃、50℃的不同温度，进行了高压等温吸附实验；对煤的甲烷吸附特征曲线的形态特点运用吸附势理论，推导出了新的关于煤吸附甲烷的温度-压力综合吸附模型，最后给出了求取模型中特征常数的方法。杨银磊[11] 在 35～105℃（每 15℃为测量点）下进行了煤吸附瓦斯的实验，得出：温度升高，同压力下煤样的瓦斯吸附量减小，并且温度越高，减小的趋势越明显；温度恒定时，吸附量随压力增大而增大；在特定温度区间内，随着温度升高，吸附系数 a、b 值呈线性递减。姚春雨、程国奇、孙飞[12] 研究了瓦斯残存量计算时吸附常数 a、b 值的合理计算及选取问题。常未斌、张浪、孙晓军[13] 等采用高压容量法对 44 个煤样进行了实验，研究了瓦斯放散量与吸附常数 a、b 值的关联性，并通过实验验证了瓦斯放散速度和吸附速度的关系。江林华、姜家钰、谢向向[14] 通过实验对煤体瓦斯吸附常数测值的影响因素进行了研究，并阐述了瓦斯含量和瓦斯压力的关系。王文林、谭蓉晖、王兆丰[15] 等选用无烟煤、贫煤和气肥煤 3 类煤样进行了不同吸附时间煤样吸附常数的对比实验，得出：对于固定煤阶煤样，吸附时间越长则吸附常数 a 值增大；煤阶越高，吸附常数 a 受吸附平衡时间的影响越大，煤与瓦斯的吸附平衡时间越长。郭平[16] 利用自制的瓦斯高压吸附装置，开展了不同温度作用下含瓦斯煤体吸附解吸实验，得出：煤体瓦斯吸附性能受吸附压力作用具有明显的阶段性；吸附

常数 a 随温度增加呈现先增大后减小的变化特征；吸附常数 b 随温度增加逐渐降低，但降低幅度逐渐变缓，并最终趋向恒定。张志刚[17] 利用 HCA 型吸附常数测定仪进行了变温下瓦斯吸附实验，认为煤体吸附瓦斯的极限吸附量 a 随温度增加呈现非单调变化的特征，吸附常数 b 则呈现规则的减函数特征。

温度作用下煤体瓦斯吸附解吸规律的研究前人已做了大量工作，从实验结果看：

① 温度的升高改变了煤基质的内部结构。

② 煤体瓦斯吸附模型多数学者采用朗格缪尔吸附模型。

③ 吸附系数 a、b 值随温度升高而减小，实验拟合后符合指数变化的规律。

④ 常温下的吸附系数变化很大，甚至相差 1～2 个数量级。

⑤ 吸附常数测定实验跟实验煤种及煤样试件加工制作密切相关，不同煤阶吸附平衡过程不同，吸附平衡时间相差很大。

⑥ 随吸附压力变化，煤体吸附瓦斯有明显的阶段性。

⑦ 煤层埋深很大的情况下，煤层瓦斯吸附量受吸附压力影响的因素减小，受温度作用影响明显。

综上所述，煤体瓦斯吸附规律的研究集中在煤体物理化学结构、吸附温度、吸附压力、埋深等影响因素对吸附过程及吸附量的影响上，已做大量实验从不同方面论证了煤与瓦斯吸附的结论与规律，但已做实验大多温度不高，未能详细考虑 100℃以上温度的结果。在本章中，主要开展注热强化瓦斯抽采的相关实验研究，拟为数值模拟研究提供基础数据。

2.1 注热强化煤粉瓦斯吸附解吸

2.1.1 实验方案

图 2-1 为 wy-98a 型瓦斯吸附常数测定仪，图 2-2 为其结构原理图。

该吸附装置包括：计算机操控平台、吸附实验舱、负压泵、测压测温仪、附属电缆、管件等部分。实验过程实现自动化操作，依靠气动压力传感技术，通过测压器件测压，电路信号传输，计算机平台控制的流程，全程控制充气阀门的开闭操作，完成煤样瓦斯的吸附、测压、数据测量、存储、数据处理等工作。

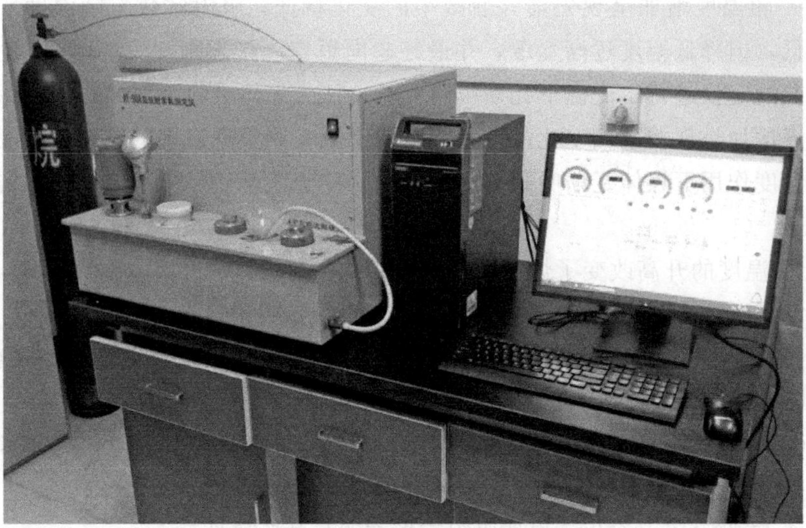

图 2-1　wy-98a 瓦斯吸附常数测定仪

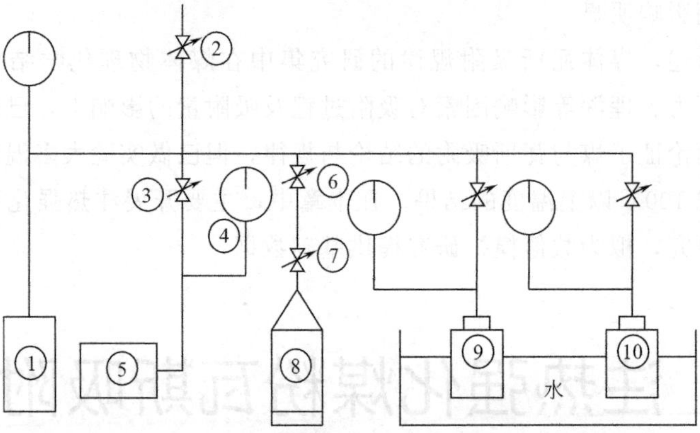

图 2-2　wy-98a 瓦斯吸附常数测定仪结构原理图

1—充气罐；2—通大气阀；3—脱气阀；4—真空计；5—真空泵；
6—充气阀；7—微调阀；8—甲烷；9—吸附罐一；10—吸附罐二

该仪器对甲烷吸附量的测定采用高压容量法：将处理好的干燥煤样，装入吸附罐，在真空状态下脱气后测定吸附罐的体积，将一定体积的甲烷充入吸附罐，直到吸附罐内的压力达到平衡。此时，部分气体被吸附，部分气体则仍以游离状态处于吸附罐的剩余体积中。已知压力达到平衡时充入的甲烷体积，减去剩余体积内的游离甲烷体积，即为吸附体积，连接起来即为吸附等温线。

实验煤样采自西山煤电集团屯兰煤矿 2$^{\#}$ 煤层掘进工作面，井下采集并进行初始筛分，装进采集罐中密封带回。实验用瓦斯气体纯度为99.99%，实验室配备瓦斯浓度监测报警设备，实验过程开启机械通风设备。

(1) 煤样处理及装填

① 对煤样进行初始筛分、除矸、破碎等流程。采用四分法将煤样分成质量为1kg左右的标准试样，装袋后留存起来备用。

② 进一步粉碎试样，用60～85目的筛网，筛选出0.17～0.25mm的颗粒，取重100g的煤样放入量皿。按GB/T217、GB/T212、GB/T211分别测定剩余煤样的挥发分（Vdaf）、水分（Mad）、灰分（Ad，Aad）以及真密度TRD20等煤样工业参数。

③ 将筛选出0.17～0.25mm的试样进行干燥处理，在100℃下恒温干燥1h，取出后置入干燥器内冷却。

④ 将经历上述处理后的煤样称重20g装入吸附罐内，装入细砂棉，拧紧罐盖，保持密封，待实验。

(2) 脱气

开启真空泵，关闭充气阀，打开脱气阀，煤样罐开始抽负压，煤样罐在70℃的恒温水浴中脱气6h后，按照程序开始吸附实验。

(3) 20℃下低压吸附

煤样脱气过程结束后，调低监控水浴温度，当温度降至20℃后关闭脱气阀门，关闭吸附罐一与吸附罐二的罐口阀门。打开充气阀门（以1.8MPa吸附压力为例），当充气罐内的压力达到1.8MPa后关闭充气阀门，打开吸附罐一的阀口阀门，使得充气罐内的高纯甲烷气与吸附罐连通，待罐一中压力显示至1MPa，则关闭罐一阀口阀门，在罐内进行瓦斯的吸附过程；对罐二进行同样的操作。

吸附过程中，恒温水浴温度保持在20℃，监控吸附速度低于1mL/h，则认为达到吸附平衡，另外吸附平衡的完成时间不得低于8h，最后通过压力变化计算吸入吸附罐甲烷气体量。

(4) 变压力吸附

按照上述充气罐压力1.84MPa下的实验流程，从0.75MPa（程序控制压力，但计算以压力表示数为准）开始进一步提高压力，依次进行吸附平衡实验。根据程序设计，压力依次升高为1.84MPa、2.6MPa、3.4MPa、4.2MPa、5MPa、5.8MPa，实验过程保证煤样罐一直处在20℃恒温水浴环境下，每个吸附压力下的平衡试件不得低于8h，记录每个吸附压力下煤样吸附的甲烷气体量。

(5) 升温吸附

参照上述吸附实验流程，将实验的恒温水浴温度由 20℃起每隔 5℃逐渐升高，直到温度达到 45℃，记录不同温度环境下，不同吸附压力作用的煤样吸附甲烷量。

2.1.2 实验结果与分析

(1) 实验结果

20～45℃下煤样吸附甲烷的实验结果见表 2-1～表 2-6，从表中可知，同温度下吸附压力升高，煤样吸附甲烷的量增大；相同煤样，随温度增加同等压力条件下吸附量减小。

表 2-1 20℃下实验结果

吸附压力/MPa	0.775	1.838	2.775	3.65	4.459	5.245	6.027
吸附量/mL	8.84	12.302	13.604	14.915	15.699	16.167	16.874

表 2-2 25℃下实验结果

吸附压力/MPa	0.835	1.876	2.81	3.68	4.485	5.299	6.077
吸附量/mL	8.239	10.972	12.889	13.951	14.899	15.581	16.124

表 2-3 30℃下实验结果

吸附压力/MPa	0.778	1.837	2.79	3.638	4.477	5.255	6.056
吸附量/mL	7.698	10.856	11.998	12.911	13.978	15.092	16.07

表 2-4 35℃下实验结果

吸附压力/MPa	0.825	1.87	2.804	3.644	4.45	5.257	6.161
吸附量/mL	7.558	10.269	11.647	12.633	13.959	15.201	15.913

表 2-5 40℃下实验结果

吸附压力/MPa	0.815	1.874	2.824	3.661	4.478	5.282	6.17
吸附量/mL	7.005	9.714	11.094	12.311	13.459	14.613	15.578

表 2-6 45℃下实验结果

吸附压力/MPa	0.892	1.926	2.825	3.683	4.481	5.271	6.08
吸附量/mL	6.892	9.345	10.808	11.918	13.331	14.655	15.379

将不同温度下的吸附数据绘制成吸附曲线，如图 2-3 所示，0～1MPa 下甲烷吸附量比较大；压力大于 1MPa 时，改变吸附压力，甲烷吸附曲线趋于平缓，相同煤样高温度下甲烷吸附的量减小。

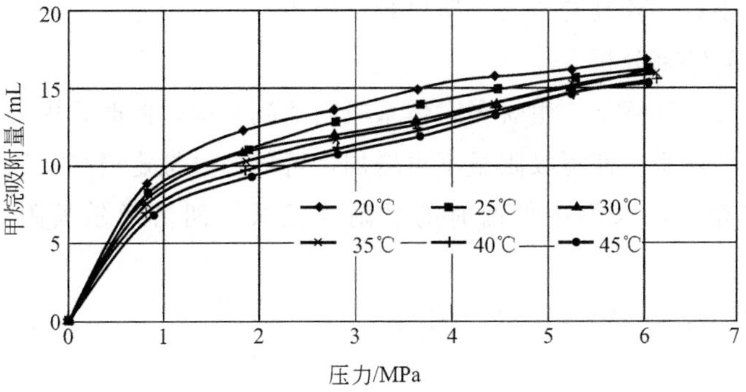

图 2-3 不同温度条件瓦斯吸附量随吸附压力变化的关系图

将相同煤样相同吸附压下的吸附数据绘制为图 2-4，可以看到随温度增加，吸附气体量减少，更高压力下吸附气体量大。

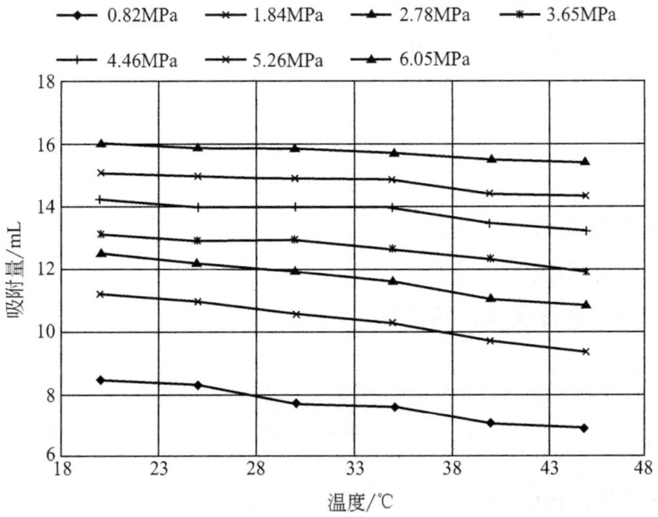

图 2-4 不同压力条件下煤样吸附量随温度减小的规律

由曲线可知，在定压吸附实验中，随着温度的升高，吸附量的下降幅度很大，当压力比较低时表现尤为明显，如 0.82MPa、1.84MPa、2.78MPa 下呈急剧下降趋势；而压力增大到某一水平后其受温度的影响开始减小，如 6.05MPa 下斜率明显有所下降。由于定压实验时的吸附平衡压力恒定，说明同等温度减小量，较高的压力瓦斯更难以解吸。

(2) 实验结果分析

在一定温度环境下，甲烷吸附体系吸附达到平衡，此时，甲烷吸附速率等于摆脱吸附的速率，使得吸附量不再增加，可以通过拟定模型，以吸附和解吸过程的速率相等，求得达平衡时的吸附等温式，朗格缪尔吸附等温式即是如此。

按照朗格缪尔吸附方程式（2-1）：

$$\Gamma=\Gamma_{m}\frac{bp}{1+bp}\text{或}v=v_{m}\frac{bp}{1+bp} \tag{2-1}$$

式中 Γ_m——单分子层饱和吸附时的吸附量，mL；

v_m——饱和吸附时的气体体积，mL；

Γ——压力为 p 时的实际吸附量，mL；

v——实际吸附气体体积，mL。

v_m 常被写成系数 a，由此可得式（2-2）：

$$v=\frac{abp}{1+bp} \tag{2-2}$$

式中 a——吸附系数；

b——吸附系数。

将式（2-2）进行变换，写成如下形式：

$$y=\frac{1}{ab}x+\frac{1}{a} \tag{2-3}$$

式中 y——$1/v$，mL^{-1}；

x——$1/p$，MPa^{-1}。

根据实验数据按照上式进行拟合，结果见表 2-7。

表 2-7 a、b 值及吸附方程的拟合结果

温度/℃	拟合结果	R^2	a	b
20	$y=0.0597x+0.0464$	0.9713	21.541	0.778
25	$y=0.0735x+0.0486$	0.9689	20.597	0.661
30	$y=0.0833x+0.0480$	0.9759	20.816	0.577
35	$y=0.1014x+0.0501$	0.9692	19.955	0.495
40	$y=0.1143x+0.0520$	0.9709	19.227	0.455
45	$y=0.1399x+0.0538$	0.9585	18.564	0.385

吸附系数 a、b 随温度变化的关系如图 2-5 所示。

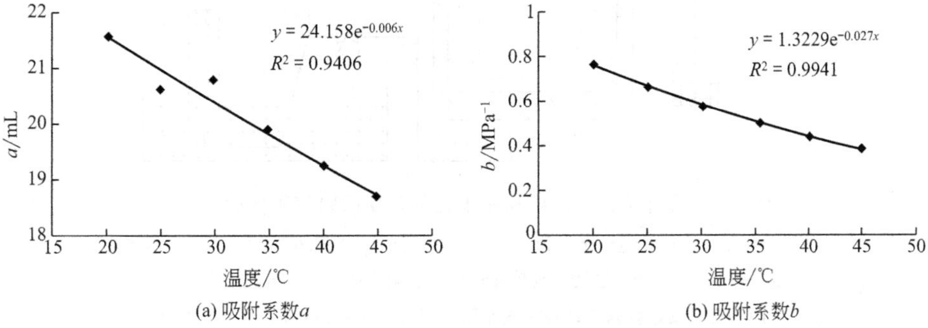

图 2-5 实验煤样吸附系数 a、b 值随温度的变化关系

将二者随温度变化的数据进行拟合，图中看到二者均符合指数变化的规律，具体方程如式（2-4）所示：

$$a=24.158e^{-0.006t};b=1.322e^{-0.027t} \tag{2-4}$$

式中 a——体现为煤吸附甲烷的极限吸附量的系数，mL；

b——代表了固体表面吸附气体能力的强弱程度，MPa^{-1}。

由实验可知 a、b 值受温度的影响作用明显。

2.2 注热强化块煤样瓦斯吸附解吸

2.2.1 实验方案

实验室所用煤样瓦斯吸附解吸实验装置简图如图 2-6 所示。煤样采集自西山煤田古交矿区屯兰煤矿，现场对采集的煤样进行初始筛选，密闭封存后带回

实验室，在取样机上将取回的煤样加工成直径 50mm、高度 150mm 的标准煤试样，称重后置于吸附罐中。为保证实验过程的安全，实验室配备了机械通风设备。

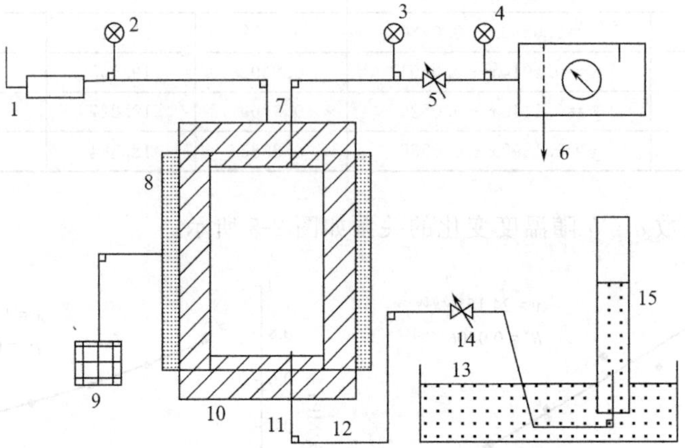

图 2-6　具有压力与温度控制单元的瓦斯吸附解吸实验装置图

1—手动压力泵；2～4—压力表；5—气路阀门；6—高压瓦斯罐；7，13—水槽；8—电加热套；9—温度控制单元；10—吸附罐体；11—气路细金属管；12—气路细橡胶软管；14—气路限压阀门；15—2000mL 量程大量筒

压力、温度控制系统、实验气体系统、高压注水系统及气体测量等系统共同组成了煤样瓦斯吸附解吸实验系统。实验中通过稳压器保持恒定的煤样轴压，通过紧固在吸附罐体上的电加热套来控制温度，热电偶用来实时监测吸附罐腔内的温度；解吸出的气体通过排水集气法收集，监测量筒刻度变化就可以获得不同温度的解吸气体量。

利用煤样瓦斯吸附解吸实验装置，研究在标准试件（50mm×150mm）煤样的瓦斯解吸量受温度及压力的影响，实验为定容实验。在实验中，首先将煤样封存于罐体中并严格检查罐体的气密性，随后记录高压吸附罐 6 的压力即表 4 的初始表压 P_1，打开气路阀门 5，使煤样在室温下充分与瓦斯气体接触吸附，直至压力表 2 读数不再变化，记录表 2 的表压为 P_2，罐体内注入的瓦斯气体的量可以通过此压力的变化计算出，关闭气路阀门 5，断开高压瓦斯罐与实验吸附罐体的连接；打开温控单元 9 对实验吸附罐体进行加热，监测实验温度由室温 25℃逐渐升高至 260℃的过程中温度控制单元 9 的温度 T 及压力表 3 的读数 p，并记录。根据压力 p 和吸附罐体积就可以计算出定容条件下不同温度煤样的瓦斯解吸量，从而绘制出解吸量随时间变化曲线。

2.2.2 实验结果与分析

（1）实验结果

按照吸附与解吸的实验步骤对煤样试件先后进行了两次实验。以固定温度间隔为测定点，由室温 25℃逐渐升高至 260℃，监测并记录瓦斯解吸量，研究吸附态瓦斯随温度升高逐渐解吸的规律。

图 2-7 是不同温度下煤样“瓦斯解吸量”的曲线图。

1# 试样第一次实验，常温下吸附达饱和后开始实验，随着温度升高，试

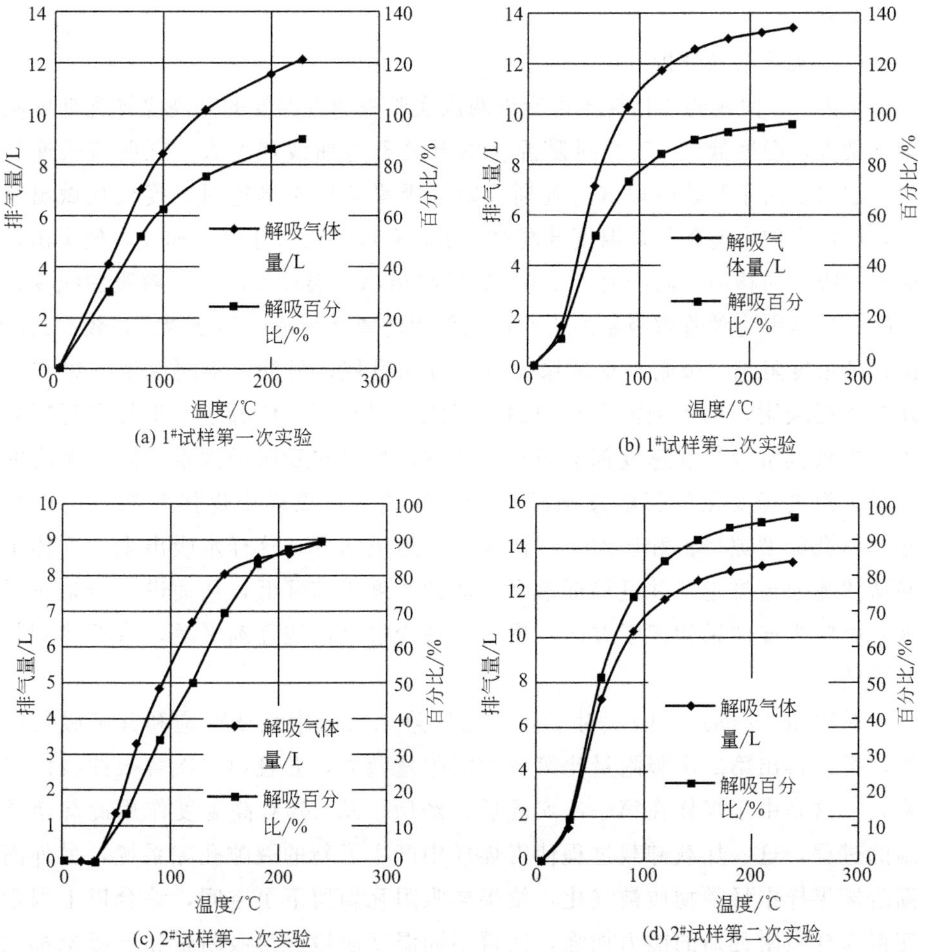

(a) 1#试样第一次实验

(b) 1#试样第二次实验

(c) 2#试样第一次实验

(d) 2#试样第二次实验

图 2-7 不同温度下煤样瓦斯解吸曲线图

样瓦斯解吸量逐渐增大，常温～100℃，解吸量增加很快，100℃后，解吸过程趋向缓慢，但解吸量仍在增加。

1#试样第二次实验，常温～100℃，随温度增高，解吸曲线梯度更大，解吸气体量为 10.8L，大于第一次实验 100℃时的解吸的瓦斯气体量。在 200℃时，第二次实验的解吸曲线比第一次实验更加平缓，最终解吸量也比第一次大。

2#试样第一次实验，随着温度升高，试样瓦斯解吸量缓慢增大，常温至 100℃时，总解吸量为 5.5L，至 200℃时解吸量达到 8L 以上。

2#试样第二次实验，常温～100℃，解吸曲线梯度大，100℃时，解吸量已达 12.5L，随后解吸曲线开始趋于平缓，解吸量缓慢增加，至 200℃时接近完全解吸。

(2) 实验结果分析

从图 2-7 曲线的变化规律可看出两次实验中随着温度的升高煤样瓦斯解吸量均增大，温度低于 150℃时随温度的升高解吸曲线梯度大，证明解吸速度快，主要是由于开始阶段煤与瓦斯吸附解吸平衡体系迅速对温度变化做出响应，即体系的平衡条件被温度升高改变了，解吸速度大于吸附速度，使平衡迅速向解吸方向移动。温度大于 150℃后反映出随着温度不断升高解吸曲线变得平缓，这是因为随着解吸量的不断增大使得游离瓦斯浓度逐渐增大，较高的游离瓦斯浓度阻止了吸附平衡体系向解吸方向发展，另外，不同温度下煤与瓦斯为多层吸附，因解吸需要克服的吸附能内层瓦斯气体分子大于外层瓦斯分子，导致其解吸量和速度都会减小。考虑煤样受热膨胀的因素，随着温度的升高，温度场变化的影响逐渐转移至煤样内部，煤样中煤体骨架发生内膨胀，将孔隙裂隙挤占和压缩，气体运移通道被堵塞，这样解吸出来的气体不易从渗流通道排走，并且局部解吸气体的浓度迅速降低，从而进一步阻止了吸附解吸平衡体系朝解吸方向发展，表现为解吸曲线逐渐平缓，直至达到新的平衡。

对比图 2-7(a)、(b)，对于同一煤样第二次吸附瓦斯至饱和并解吸的曲线，可以得出第二次吸附量比第一次吸附量稍大，并且第二次解吸曲线的斜率大。这是由于煤样在第一次实验后，经历了从 260℃高温度作用冷却至常温的过程，这一加载卸载过程使得煤样中产生了新的裂隙孔隙系统，另外高温阶段煤样中烃类物质被气化，给煤样吸附瓦斯留下了空间，综合以上因素使得煤样吸附瓦斯的能力加强，使得不同温度阶段瓦斯吸附量和解吸量都比第一次大。

2.3 瓦斯吸附解吸对煤样的变形影响

采用注热抽采瓦斯的工程技术方法，不可回避的一个问题是“瓦斯解吸及排放引起煤体变形的变化”，许多学者从有效应力与孔隙压关系的角度研究了瓦斯吸附解吸过程引起的煤体变形的变化，得出了有价值的结论。但孔隙压仅能代表游离态瓦斯的影响，本实验从煤体瓦斯含量变化的角度研究相应的煤体变形的变化规律。

2.3.1 实验方案

采用自主研制的流固耦合煤体吸附变形三轴测试系统，研究了不同地应力及孔隙压耦合作用下瓦斯吸附对煤体变形的影响规律，设备布置见图 2-8。

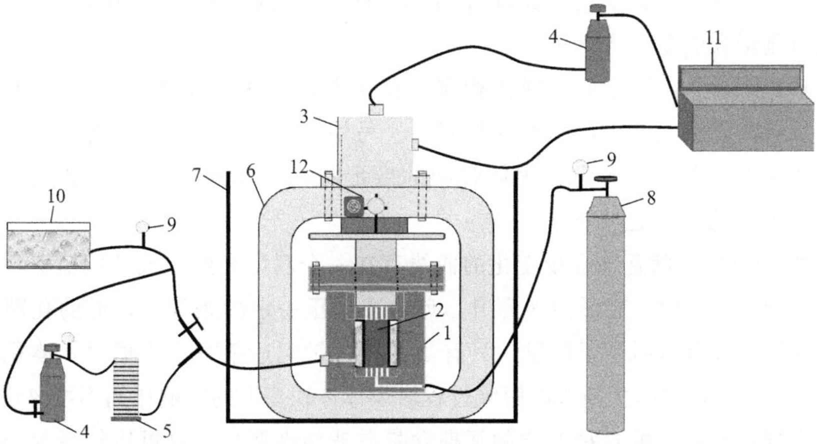

图 2-8 瓦斯吸附对煤样变形影响的实验装置

1—吸附反应釜；2—试样；3—液压油缸；4—蓄能器；5—体积变形测量仪；6—加载框架；7—水浴槽；8—甲烷气瓶；9—压力表；10—高压水泵；11—加载控制台

实验煤样取自西山煤电集团有限公司官地煤矿 3# 煤层与屯兰煤矿 2# 煤层，该两层煤分属西山煤田的西山矿区与古交矿区。官地煤矿 3# 煤层属贫、瘦煤煤种，屯兰煤矿 2# 煤层属焦煤煤种。井下采集未受到扰动的典型实验煤样，运到地面蜡封后运至实验室，煤样加工成 100mm×100mm×200mm 的试件，每个煤种加工三个试样。

实验方案为：在选定的轴压 σ_1（9MPa、12MPa）与固定侧压 σ_2（2～8MPa）下，对每个孔隙瓦斯压（1～5MPa），测量其引起的煤体变形。每个孔隙压测量达四个小时左右（吸附基本完成）然后再增加下一级瓦斯压，直至一组孔隙压由低到高全部测量完毕。

2.3.2 实验结果及分析

将不同煤样试件及轴压下体积应变随瓦斯含量变化的实验数据绘制为图 2-9 和图 2-10，分析发现：

① 煤样试件体积应变随瓦斯含量变化呈现指数分布的规律，在轴压 9MPa，0～20m^3 瓦斯含量条件下，煤样体积应变几乎没有什么变化；20m^3 以后体积应变急剧增加，此时吨煤瓦斯含量对体积应变的影响不可忽略。

轴压 12MPa 时，0～25m^3 瓦斯含量，屯兰 2# 煤层煤样体积应变几乎没有什么变化；25m^3 以后体积应变急剧增加。0～28m^3 瓦斯含量，官地 3# 层煤样应变几乎没有什么变化；28m^3 以后体积应变急剧增加。不同的煤样，引起应变急剧增大的瓦斯含量不同。

对比来看 9MPa 下的煤样体积应变比 12MPa 下的大，反映出加载更低的轴压，游离态瓦斯孔隙压作用更加明显。另外，不考虑瓦斯吸附解吸影响，单从固体骨架变形角度考虑，固体骨架的变形也与轴压紧密相关，更低的轴压下，孔隙压的作用更加明显。

② 煤样应变随瓦斯含量变化的曲线存在一个斜率突然增大的阈值点，即吸附量达到阈值点后，变形曲线骤升，反映出轴压一定的条件下，低的孔隙压作用对煤体变形影响不是很明显，只有当瓦斯含量到达某一个限值后，体积变形开始剧烈增大，此时瓦斯吸附解吸过程对煤体体积变形的影响作用不可忽略。

煤样应变曲线的这种变化随瓦斯含量并非线性变化，这可以解释为一定轴压及围压下，煤体的变形受游离态瓦斯孔隙压与吸附态瓦斯解吸过程引起的变形两个因素综合作用，即低的瓦斯含量煤样孔隙压也低，此时煤样应变更多地来源于不同孔隙压作用下引起的有效应力的改变。

随着瓦斯含量增加，孔隙压增加，吸附态瓦斯含量也在增加，煤样吸附瓦斯引起的变形此时作用增大，承担了煤样变形的主要部分，由图 2-9 和图 2-10 能够明显看到应变曲线的这种突变。

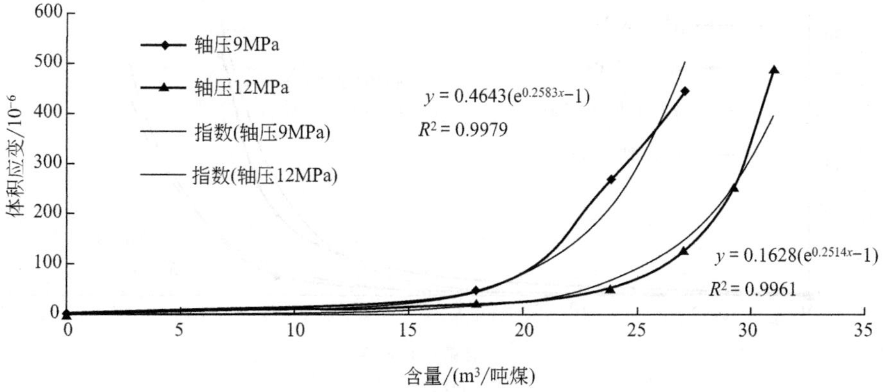

(a) 1号试件

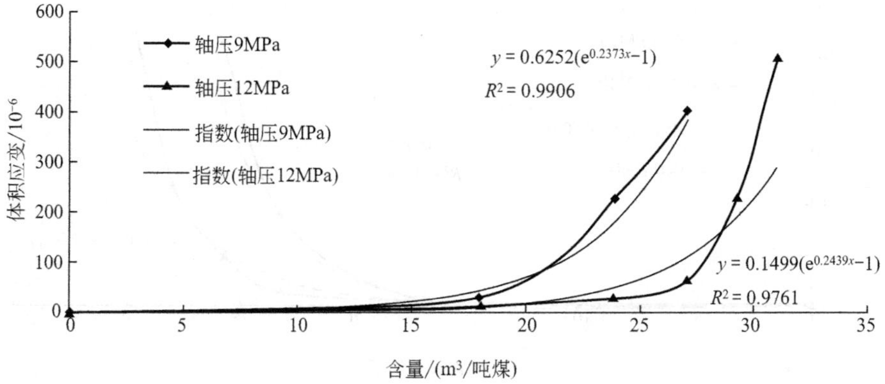

(b) 2号试件

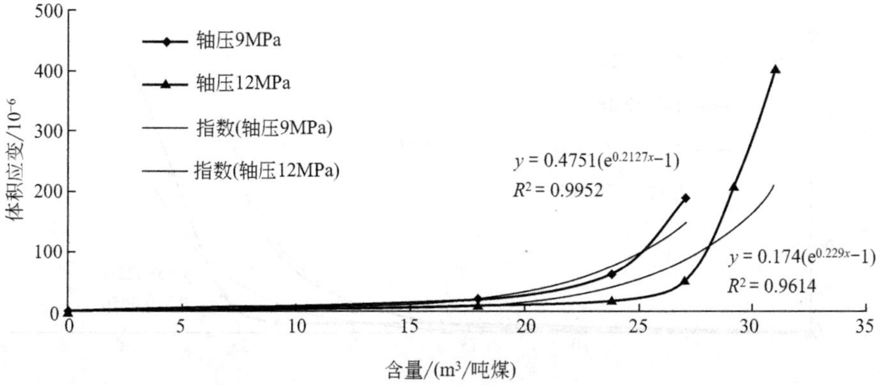

(c) 3号试件

图 2-9　官地 3# 煤层试样实验结果

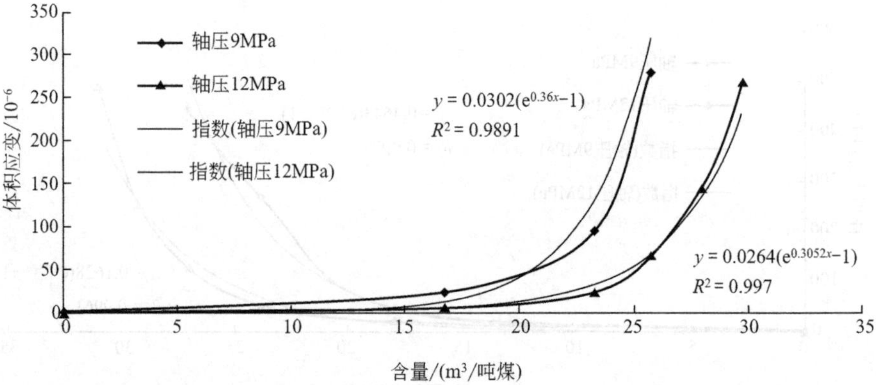

(a) 1号试件

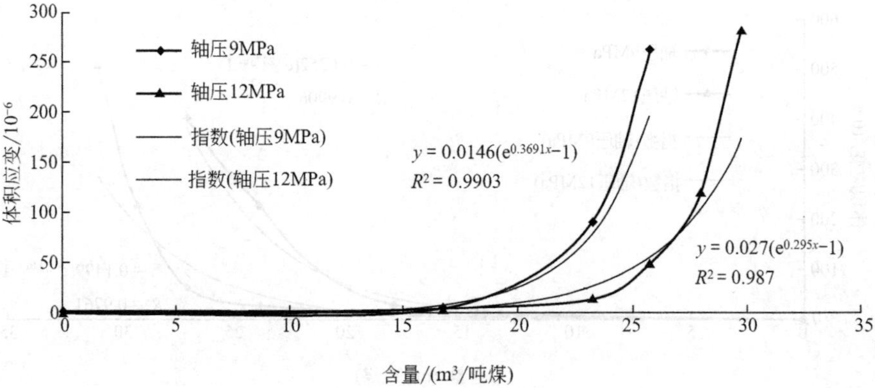

(b) 2号试件

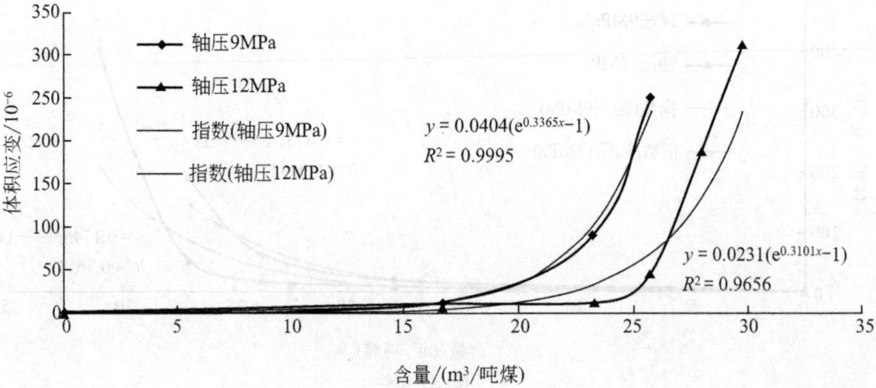

(c) 3号试件

图 2-10　屯兰 2# 煤层试样实验结果

尽管根据修正的太沙基有效应力关系能够明确总应力、骨架应力以及有效应力的关系，以此能够计算并得出应变的变化规律，但对煤与瓦斯这种特殊的多孔介质与气体赋存体系，其中隐含吸附与解吸过程，从实验来看这一过程对煤样的变形有着巨大的影响。

③ 假定瓦斯含量为零的煤层具有一个应变初值 ε_0，从图中还可以看到屯兰煤矿焦煤试样与官地煤矿贫煤试样比较，变质程度比较高的煤种其应变初值比较大，体积应变受瓦斯含量变化影响更加明显。

将实验数据进行指数拟合，拟合的结果见表 2-8。

表 2-8　煤体微应变与瓦斯含量的关系

煤样试件号	轴压/MPa	拟合曲线	R^2
官地 3[#]煤层 1 号试件	9	$\varepsilon=0.4643(e^{0.2583C}-1)$	0.9979
官地 3[#]煤层 1 号试件	12	$\varepsilon=0.1628(e^{0.2514C}-1)$	0.9961
官地 3[#]煤层 2 号试件	9	$\varepsilon=0.6252(e^{0.2373C}-1)$	0.9906
官地 3[#]煤层 2 号试件	12	$\varepsilon=0.1499(e^{0.2439C}-1)$	0.9761
官地 3[#]煤层 3 号试件	9	$\varepsilon=0.4751(e^{0.2127C}-1)$	0.9952
官地 3[#]煤层 3 号试件	12	$\varepsilon=0.174(e^{0.229C}-1)$	0.9614
屯兰 2[#]煤层 1 号试件	9	$\varepsilon=0.0302(e^{0.36C}-1)$	0.9891
屯兰 2[#]煤层 1 号试件	12	$\varepsilon=0.0264(e^{0.3052C}-1)$	0.997
屯兰 2[#]煤层 2 号试件	9	$\varepsilon=0.0146(e^{0.3691C}-1)$	0.9903
屯兰 2[#]煤层 2 号试件	12	$\varepsilon=0.027(e^{0.295C}-1)$	0.987
屯兰 2[#]煤层 3 号试件	9	$\varepsilon=0.0404(e^{0.3365C}-1)$	0.9995
屯兰 2[#]煤层 3 号试件	12	$\varepsilon=0.0231(e^{0.3101C}-1)$	0.9556

通过误差分析可知，拟合结果误差很小，因此，认为煤体体积应变随煤体瓦斯含量变化符合指数规律。

$$\varepsilon_e=\varepsilon_0(e^{\alpha C}-1) \tag{2-5}$$

在进行煤层瓦斯抽放分析计算时，煤层瓦斯的解吸排放带来煤体的收缩不应忽视，可将结果代入应力方程式（2-5）综合计算。

2.4　本章小结

在本章中，完成了注热强化煤粉、块煤样的瓦斯吸附解吸实验，并探讨了瓦斯吸附解吸对煤样的变形影响，主要得到以下结论：

① 常温～45℃，进行了粉煤瓦斯吸附解吸实验，得出实验煤样随着温度

升高，瓦斯的饱和吸附量 a 值在逐渐降低，吸附系数 b 也在减小。二者符合指数变化的规律：

$$a=24.158e^{-0.006t};b=1.322e^{-0.027t}$$

② 常温～260℃，进行了块煤高温瓦斯解吸实验，得出：随着温度升高，煤体试样瓦斯解吸量逐渐增大，在常温～100℃温度段，解吸量增加迅速，在大于100℃后，解吸过程趋向缓慢。将相同试样进行第二次实验，相同温度点解吸的气体量增大，最终解吸量也比第一次大。

③ 孔隙压力1～5MPa下，进行了瓦斯含量变化对煤样变形影响的实验，得出：

a. 煤样试件体积应变随瓦斯含量变化呈现指数分布的规律

$$\varepsilon_e=\varepsilon_0(e^{\alpha C}-1)$$

b. 煤样体积应变随瓦斯含量变化，由初始的平缓至达到某一瓦斯含量后开始急剧增大，存在一个阈值，轴压9MPa，阈值瓦斯含量为 $20m^3$；轴压12MPa，阈值瓦斯含量为 $25m^3$；反映出加载更低的轴压，游离态瓦斯孔隙压作用更加明显。

c. 一定轴压及围压下，煤体的变形受两个因素影响，一个是游离态瓦斯的孔隙压，一个是吸附态瓦斯解吸过程引起的固体变形。低的瓦斯含量，孔隙压对煤样变形作用更明显；随着瓦斯含量增加，经历一个阈值后，煤样吸附瓦斯引起的体积变形作用更加明显，是煤样变形的决定因素。

d. 从实验煤样的结果看，屯兰煤矿焦煤试样与官地煤矿贫煤试样比较，变质程度比较高的煤种体积应变受瓦斯含量变化影响更加明显。

参考文献

[1] McLennan J D, Schafer P S, Pratt T J. A guide to determining coalbed gas content [M]. Gas Research Institute, 1995.

[2] 张新民，张遂安. 中国的煤层甲烷 [M]. 西安：陕西科学技术出版社，1991：29-76.

[3] 梁冰，于洪雯，孙维吉，等. 煤低压吸附瓦斯变形实验 [J]. 煤炭学报，2013，38(03)：373-377.

[4] 梁冰，秦冰，孙福玉，等. 煤与瓦斯共采评价指标体系及评价模型的应用 [J]. 煤炭学报，2015，40(04)：728-735.

[5] 梁冰，秦冰，孙维吉. 基于灰靶决策模型的煤与瓦斯突出可能性评价 [J]. 煤炭学报，2011，36(12)：1974-1978.

[6] 赵志根，唐修义. 对煤吸附甲烷的Langmuir方程的讨论 [J]. 焦作工学院学报（自然

科学版)，2002，21 (1)：1-4.
[7] 赵志根，唐修义，张光明. 较高温度下煤吸附甲烷实验及其意义 [J]. 煤田地质与勘探，2001，29 (4)：29-31.
[8] 许江，张丹丹，彭守建，等. 温度对含瓦斯煤力学性质影响的实验研究 [J]. 岩石力学与工程学报，2011，S1：2730-2735.
[9] 许江，张丹丹，彭守建，等. 三轴应力条件下温度对原煤渗流特性影响的实验研究 [J]. 岩石力学与工程学报，2011，30 (9)：1848-1854.
[10] 张群，崔永君，钟玲文，等. 煤吸附甲烷的温度-压力综合吸附模型 [J]. 煤炭学报，2008，33 (11)：1272-1278.
[11] 杨银磊. 不同温压条件下煤瓦斯吸附特性的实验研究 [J]. 煤炭技术，2016，35 (8)：171-173.
[12] 姚春雨，程国奇，孙飞. 残存瓦斯含量测定过程中瓦斯吸附常数 a、b 值的合理性选取分析 [J]. 中国煤炭，2012，38 (8)：101-104.
[13] 常未斌，张浪，孙晓军，等. 煤粒瓦斯放散能力与吸附常数 b 的相关性研究 [J]. 煤炭科学技术，2013，2：229-231.
[14] 江林华，姜家钰，谢向向. 基于 Langmuir 吸附的瓦斯含量和瓦斯压力的对应关系 [J]. 煤田地质与勘探，2016，01：17-21.
[15] 王文林，谭蓉晖，王兆丰. 吸附平衡时间对瓦斯吸附常数测值的影响 [J]. 河南理工大学学报 (自然科学版)，2013，32 (5)：513-517.
[16] 郭平. 温度对含瓦斯煤体吸附性能影响实验研究 [J]. 煤炭技术，2016，35 (8)：157-159.
[17] 张志刚. 关于温度对煤吸附瓦斯性能影响的研究 [J]. 河南理工大学学报 (自然科学版)，2015，02：162-166.

第3章

注热强化煤岩孔隙演变

干热岩地热资源、油页岩油气资源、致密油藏稠油资源等新型资源开发均已列入我国十三五规划，而这类资源开采将普遍采用地下原位注热的技术。注蒸汽稠油开采技术[1-5]、注蒸汽开采油页岩油气技术、注热强化煤层气开采技术[6-8] 都在快速地推进与实施，而这类技术的关键科学问题之一就是岩体渗透率随温度作用的变化规律。因此，国内外学者都高度地关注，并进行了一系列煤岩体在温度作用下渗透率的实验与理论研究。W. H. Somerton 和 V. S. Gupta[9] 对热作用蚀变砂岩进行了研究，发现高温处理后的砂岩渗透率增加了 50%。F. Homand-Etienne 和 R. Houpert[10] 研究发现致密花岗岩在热作用下，岩石连通性提高并产生了新裂缝。陈颙等[11] 在做岩石热开裂实验时，发现碳酸盐岩在 110～120℃温度下，渗透率增加了近 10 倍。梁冰[12] 等发现高温使岩石的渗透率发生了明显变化。

近年来，许多学者在进行热作用下煤岩渗透率的实验时均发现了一些特殊的现象和规律，胡耀青、赵阳升[13] 等对内蒙古乌兰察布褐煤进行温度与三轴应力作用下渗透率的实验时，发现尽管给煤样所施加的轴压与围压始终保持恒压，但随着温度的升高，煤样的渗透率却在常温～300℃范围内呈现单调降低的规律。赵阳升、张渊等[14-17] 在进行花岗岩、砂岩在各种温度压力条件下的渗透率研究时，发现渗透率随温度增加而呈现出增加、减小等波动变化规律，根本无法单纯用热破裂解释，一般来说，花岗岩的热破裂发生是不可逆的，因此，其渗透率随温度增加也应呈单调增加的规律，但针对重复无数次的实验事实，文献［15］用孔隙压力与实验气体压力的相对关系解释，需要更深入地探讨。冯子军、万志军等[18] 关于无烟煤、气煤的实验，赵阳升、万志军[14] 关于砂岩、花岗岩的实验都曾发现不同温度段煤岩渗透率呈现增加或者减小的趋势，李志强、程瑞端、鲜学福等[19-21] 进行了煤样渗透率随温度与应力的相关规律的实验，也发现同样的现象与规律。上述规律事关煤岩体原位注热技术的成败，甚至影响到新型资源开发的技术方向，只有搞清机理，才能找到解决的方案。

发生这种现象的机理究竟是什么呢？这类现象是加热与细观结构变化同步发生的，但是，由于实验十分困难，故已有的相关细观实验均不能实现在线加热实验[22-27]。在进行了较多煤岩在线加热与同步细观观测的实验研究后，本章拟详细介绍这一实验方法与结果，进而给出这类现象的细观机理解释。

3.1 随温度作用的煤岩孔隙特征统计分析

采用太原理工大学煤科学与技术教育部重点实验室的偏光显微镜（图3-1）及热台装置（图3-2）。显微镜型号：LeicaDMRX，放大倍数为500倍；热台采用3℃/min的升温速率，温控精度为±0.1℃，热台的热腔体通氮气进行镜头的惰性保护。

试件放进载物台后，封闭热台的腔体，将热台放置在显微镜下，调整焦距找到最佳的观测效果，固定好热台并开启循环气及循环水，开始实验，加热电阻丝将加热试件，位于载物台下的热电偶即时检测温度并传输至数据处理系统，显微镜的图像传感器根据温度信号采集试件图像并存储至电脑。

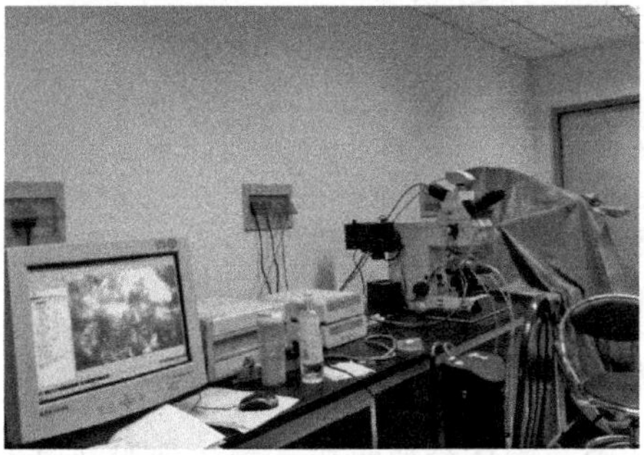

图3-1　加装热台的偏光显微镜

图3-2　热台装置

实验用煤岩样分别为：贫煤、焦煤、石灰岩、花岗岩样。贫煤样采自西山煤田官地矿的2#、3#、8#、9#煤层煤样，花岗岩样采自山东平邑，商品名“鲁灰花岗岩”，其余岩石样品采自官地矿相应煤层顶板，实验用煤岩试件薄片在太原理工大学地质实验室进行加工，试件厚度0.3mm。

实验时，先将厚度为0.3mm大小的试件放置于热台装置的载物台上，进行室温（22℃）显微观测，并进行电子拍照，然后以3℃/min的升温速率开始升温，每个待观测温度点受程序控制恒温3min。在室温22℃、60℃、90℃、120℃、150℃、180℃、210℃、240℃、270℃、300℃、330℃、350℃温度下分别采集电子图像。

3.1.1 随温度作用的煤岩孔隙特征细观统计分析原理

将煤岩试件由室温逐级加热至350℃，实时在线拍摄电子图片，以贫煤试件为例，图片像素及灰度的统计分析绘制为图 3-3，并将分析的原理说明如下。

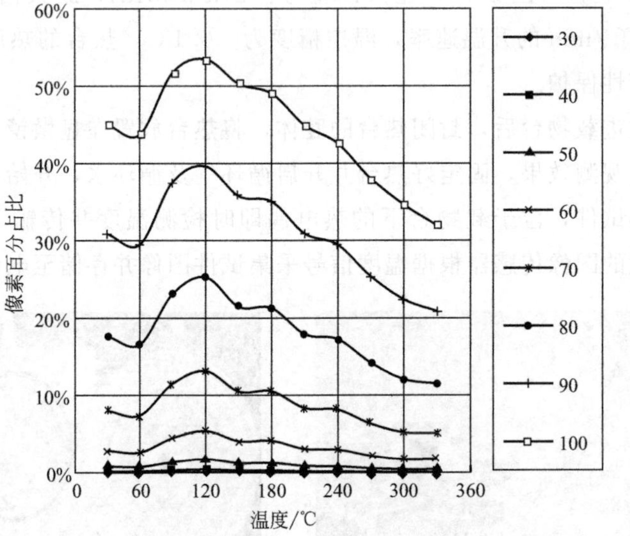

图 3-3 贫煤图像不同灰度级下包含像素的百分占比

从细观统计的角度分析，煤岩是由孔隙与固体骨架组成，固体骨架又由不同硬度矿物颗粒组成。做细观研究时，实际上是用非常小的正方形网格（像素点）将煤岩试件分割，每一个网格对光的透射与反射率不同即表现为不同的灰度等级，由于煤岩样固体颗粒与孔隙分布的随机性，实际上落到每个观察子网格中既有岩石固体也有孔隙。因此，在同一子网格中，固体与孔隙占比不同，其成像灰度就不同。当温度升高时，每个子网格中的固体部分膨胀、或形状改变，引起固体与孔隙部分占比发生相对变化，则成像的灰度也发生变化。这里实际假定，在相近灰度段，灰度发生变化时，矿物颗粒的几何与物理特征变化引起的灰度差异可以忽略。

在分析时，按照灰度差异将图像分为 0～255 个级别，将试件图像灰度分布中能够反映该煤岩试件孔隙变化的特定灰度等级定为“表征灰度级”，统计不同温度下灰度等级从 0 值至表征灰度级所包含的像素总和，并绘制出变化曲线，即能够反映热膨胀引起的煤岩孔隙结构的变化。

图 3-3 中灰度等级在 60 以下的部分，不同温度下统计出的像素总和几乎不变，反映了试件图像网格群中纯孔隙、或孔隙部分占绝对优势的子网格，在温度变化过程中灰度几乎不发生变化。图像中灰度等级在 60～100 的像素点，不同温度下统计出的像素总和变化很大，恰好反映了该灰度等级子网格中纯孔隙与固体颗粒混杂交错，固体颗粒随温度增加而迅速膨胀或者发生形状改变，导致纯孔隙部分大幅变化，从而引起灰度发生变化。

图像中灰度等级在 60～100 的子网格所组成的区域对渗透率影响很大。从渗流工程角度分析，这一区域即代表多孔介质的喉道孔隙，该孔隙大小的变化，就会引起煤岩渗透率的急剧变化，因此本书重点分析该灰度等级孔隙的演变规律。

3.1.2 贫煤试件统计分析

实验获取的贫煤试件图像总像素大小为 7281900，图 3-4 中（a）～（d）分别为 2[#]、3[#]、8[#]、9[#] 煤层煤样表征灰度级为 60～90 时，统计计算的像素总和随温度增加的变化情况。

（1）2[#] 试件实验结果的统计分析

图 3-4(a) 中，在 22～150℃随着温度升高，该试件图像表征灰度级以下像素总和的占比逐渐增加，例如 70 灰度级的像素占比由室温时的 8.854%增加到 9.639%，80 灰度级的像素占比由 15.04%增加到 16.11%，90 灰度级的像素占比由 22.31%增加到 23.61%。说明在此温度段，该试件在热作用下，主要发生整体向外部的膨胀，同步牵连的内部的孔隙面积增大、即通道增大，宏观表现为渗透率在此段随温度上升而增加。从 150～350℃，同一灰度级像素占比逐渐减小，说明在此温度段，该试件在热的作用下发生向外膨胀的同时，还发生向内膨胀变形，其结果是内部的孔隙所占面积比减小，宏观上导致渗透率降低。

（2）3[#] 试件实验结果的统计分析

图 3-4(b) 中，从 22～330℃，该试件表征灰度级以下像素总和的占比在单调减小，说明随温度增加，固体颗粒膨胀，使得煤样孔隙裂隙所占区域比例在单调减小，宏观表现为渗透率随温度增加而单调减小的规律。

（3）8[#] 试件实验结果的统计分析

图 3-4(c) 中，该试件在 22～120℃，表征灰度级以下像素总和的占比略呈波动式单调增加，说明孔隙裂隙占比增加，对应的渗透率增加；120～330℃，其占比略呈波动式单调减小，说明孔隙裂隙占比在减小，对应的渗透率单调减小。

(4) 9# 试件实验结果的统计分析

图 3-4(d) 中，该试件 22～180℃，随温度增加，表征灰度级以下像素总

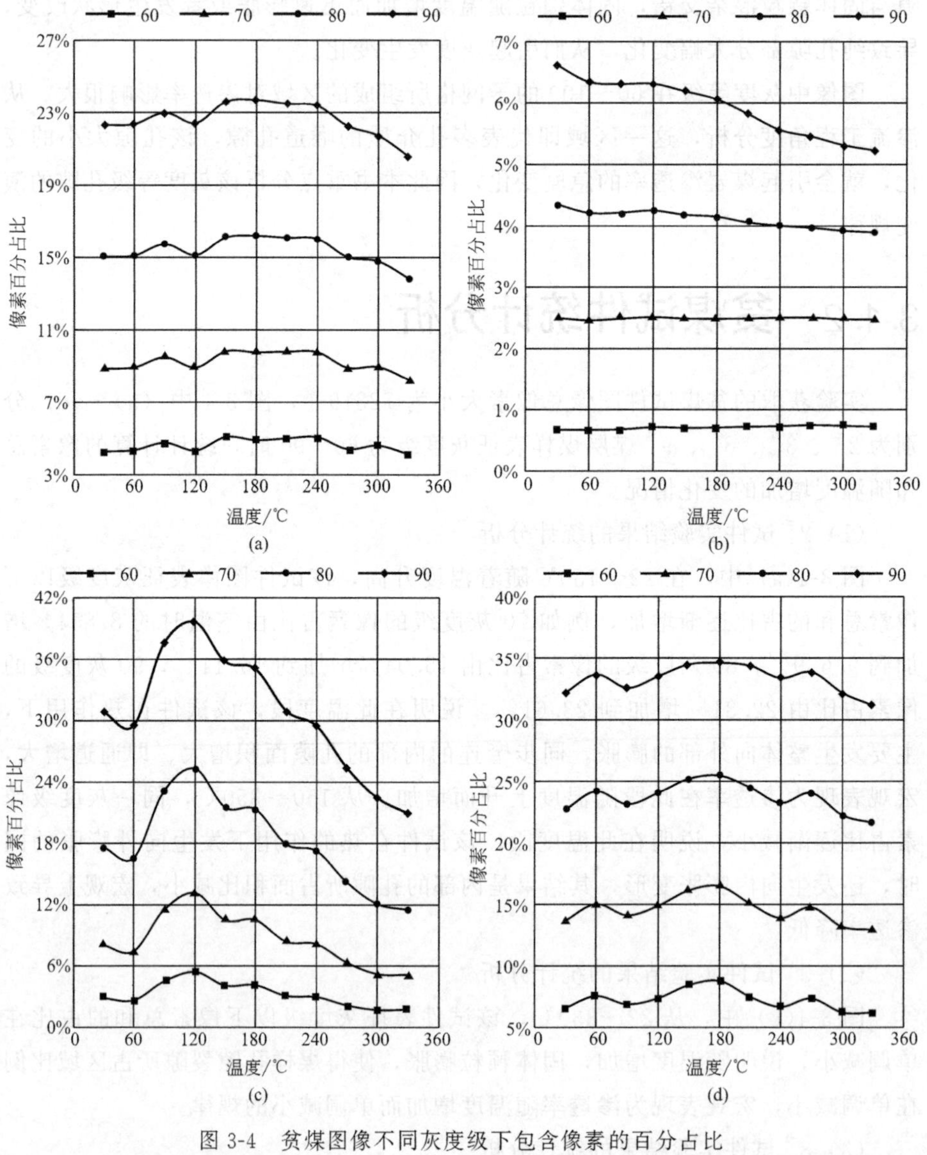

图 3-4　贫煤图像不同灰度级下包含像素的百分占比

和的占比略呈波动式单调增加，说明孔隙裂隙略呈现波动单调增加。在180～330℃，其占比略呈波动式单调减小，说明孔隙裂隙占比略呈波动单调减小，正表现出煤在温度作用下，宏观渗透率先增加而后减小。

3.1.3 花岗岩试件统计分析

花岗岩试件采集细观图像的温度间隔设定为50℃。图3-5中，表征灰度级以下像素总和的占比在0～350℃范围内出现了2个峰值。22～50℃，表征灰度级以下像素总和占比逐渐减小，以80灰度级统计数据为例，像素占比由0.936%减少至0.873%，说明孔隙占比逐渐减小；50～100℃，表征灰度级以下像素总和占比逐渐增加，80灰度级像素占比由0.873%增加至1.124%，说明试件孔隙占比逐渐增加；100～200℃，表征灰度级以下像素总和占比单调显著地减小，80灰度级像素占比由1.124%减少至0.691%，说明试件孔隙占比又减小；200～350℃，表征色阶像素总和占比单调显著地增加，80灰度级像素占比由0.691%增加至1.215%，说明该温度段其孔隙占比在增加。表征灰度级下像素总和的变化特征与细观孔隙变化特征、宏观渗透率变化特征是对应的。

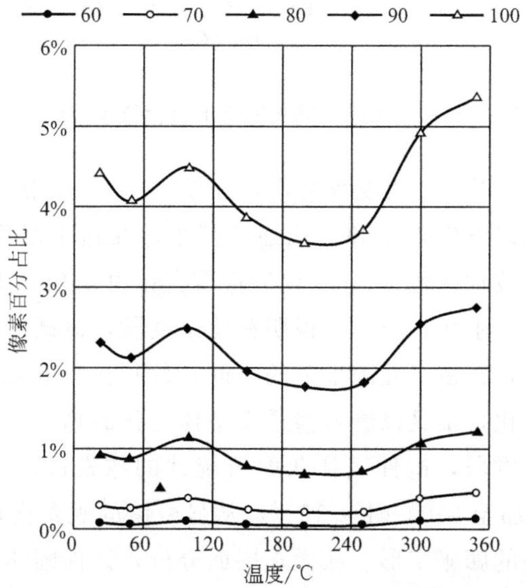

图3-5 花岗岩图像不同灰度级下包含像素的百分占比

3.1.4 细砂岩试件统计分析

图 3-6 为细砂岩试件表征灰度级为 60～105 时，包含的像素总和随温度增加的变化情况。

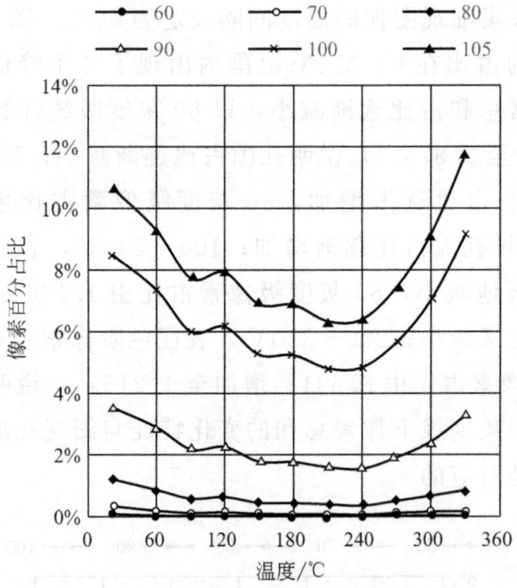

图 3-6 细砂岩图像不同灰度级下包含像素的百分占比

如图 3-6 所示，以 100 灰度级为例，在 22～200℃，随着温度升高，该试件图像表征灰度级以下像素总和占比逐渐减小，在这个温度区间的 120℃时，试件像素占比有个波动变化，120℃前后像素占比由 5.98%升至 6.15%，随后开始下降直至 200℃时为 4.81%。说明在此温度段，该试件在热作用下，以内部的膨胀变形为主，挤占了孔隙部分的空间，使得试件孔隙率减小。在 120℃时有微小的波动变化，不足以影响渗透率整体变化的趋势。

200～350℃温度段，试件表征灰度级统计的像素占比在单调地增加，由 200℃时 4.81%增加至 350℃时 9.15%，从显微镜的观察窗口也能看到试件整体发生了比较明显的膨胀变形。从微观层面分析，试件固体骨架随温度增加会发生膨胀，但膨胀的结果是固体骨架整体向外部膨胀变形，则孔隙度将会增加，相应的渗透率增加。

3.1.5 石灰岩试件统计分析

石灰岩试件像素统计分析如图 3-7 所示，在 22～330℃温度段，随温度增加，试件图像各表征灰度级以下像素总和的占比总体呈减小的趋势，在 22℃、60℃、90℃、120℃、150℃、180℃、210℃、240℃、270℃、300℃、330℃温度序列下，以 60 灰度级为例，像素占比分别为：14.76%、15.35%、14.36%、14.53%、14.01%、13.05%、13.3%、12.82%、11.91%、13.41%、14.08%。中间个别温度点略有波动，但整体呈下降趋势。说明在此温度段，该试件在热作用下，主要发生向内部的膨胀，孔隙率减小。

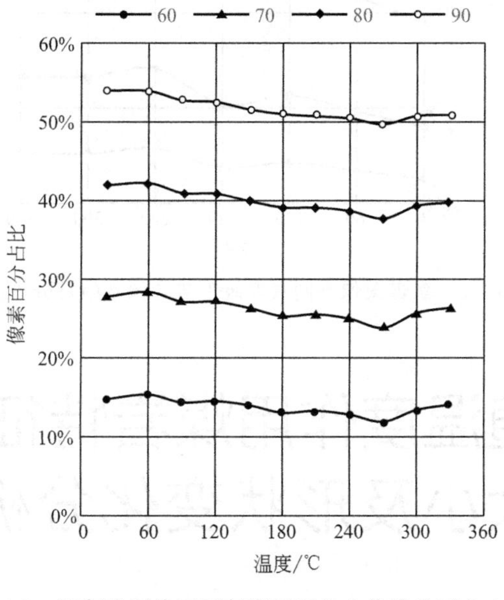

图 3-7　石灰岩图像不同灰度级下包含像素的百分占比

从各个灰度级曲线总体分析，在 22～330℃温度区间试件孔隙率总体减小，但幅度非常小，说明试件受温度作用并不明显。

3.1.6 焦煤试件统计分析

焦煤试件实验结果的统计如图 3-8 所示，该试件表征灰度级以下像素总和的占比在 120℃、240℃的时候表现为两个峰值，此时 90 灰度级以下像素总和的占比分别为 22.37%、24.89%，以此两个温度点为分割，相应各温度段呈单调增加或单调减小的趋势。反映宏观渗透率上，22～120℃，渗透率随温度增加而单调增大，其后略有减小，至180℃渗透率又随温度增大，直到240℃之后又随温度单调减小。

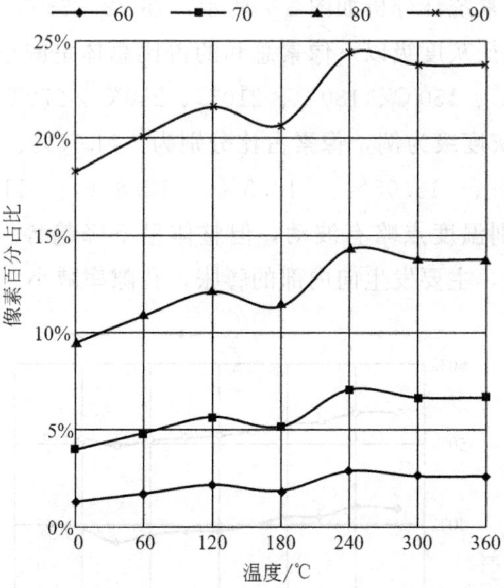

图3-8　焦煤图像不同灰度级下包含像素的百分占比

3.2　随温度作用煤岩特征孔隙团大小及形状变化分析

前文从试件图像整体灰度统计的角度进行分析，得出煤岩样在不同温度段孔隙率随温度增加的变化规律。以下拟选择试件图像中一些典型的孔隙团，具体研究其大小和形状变化的规律。

对于前文煤岩样试件各个温度下的电子图片，白色的区域表示试件该部分比较致密、反光好，暗色区域表示孔隙裂隙发育、反光弱。按照同等灰度级的原则在图像中圈出一定的区域，该区域中孔隙比固体颗粒占有绝对多的数量，将该区域称为“特征孔隙团”。从特征孔隙团像素总和的变化可以反映出该孔隙团邻近区域固体骨架膨胀或变形的情况。

在处理图像时，将识别灰度等级差异的容差取为0，识别并标识出不同温度下该特征区域包含的范围，统计区域内包含的像素点数量，并观测、对比分析区域面积变化的情况。

3.2.1 贫煤试件特征孔隙团分析

以贫煤 8# 试件为例，如图 3-9 所示。图 3-9(a) 为贫煤试件在室温下的图像，孔隙团包含的像素为 108740，占整个图像的 1.49%。图 3-9(b) 为 60℃时的图像，孔隙团包含的像素增加为 110634，占整个图像的 1.52%。图 3-9(c) 为 90℃时的图像，该孔隙团包含的像素为 104662，占整个图像的 1.44%。图 3-9(d)～(f) 分别为 120℃、150℃、180℃的图像，该孔隙团包含的像素面积继续增大。图 3-9(g) 为 210℃时的图像，孔隙团区域面积增至最大，包含的像素为 137626，占整个图片的 1.89%。特征区域右侧突出的少部分灰度等级已经完全变为 0，表明该部分已经完全不再包含任何固体颗粒。从 210℃开始，观测的特征孔隙团开始收缩，即该孔隙团周围固体骨架向该孔隙团中心方向膨胀，在 240℃时收缩至局部最小，其间经历小的波动，在 270℃继续收缩，如图 3-9(i) 所示。图 3-9(g)～(k) 分别为 210℃、240℃、270℃、300℃、350℃特征孔隙团图像，煤样特征孔隙团继续收缩，像素和分别为 137626、130337、134430、130526、124462，除 270℃略有升高外，该特征孔隙团的像素和均在单调减小，说明在该温度区间，该特征孔隙团因周围固体骨架的膨胀挤占了其部分面积导致像素和减小。

特征孔隙团中心，灰度级为 0 的部分即纯孔隙部分不会因为温度增加而发生灰度级的变化，因为其中不含任何固体颗粒。特征孔隙团的“边际区域”随温度变化明显，反映了固体骨架因膨胀向孔隙团内部中心区域侵入或向背离中心区域发展的过程。

图 3-9 中能够清楚看到，部分区域孔隙与固体颗粒杂含在一起，呈现为不同的灰度级图像，该部分区域对孔隙变化的影响巨大。图中特征孔隙团右侧的“尖突”部分即代表了前文中提到的“喉道孔隙”，喉道孔隙受温度作用变化非常明显，它们的扩充、贯通、连通孔隙的作用将会极大地影响煤样的渗透率。

整体分析图 3-9 可知，8# 试件在室温～350℃温度段内，特征孔隙团像素总和变化出现了 3 个峰值，即这一区域面积变化出现了三次大的波动，分别在 150℃、210℃和 270℃温度点附近，并且在 90℃呈现一个波谷的变化。由图 3-4(c) 的整个图像灰度统计分析可知，在 120℃、180℃、240℃温度点附近，像素数量显现三个波峰，并且在 60℃呈现一个波谷。特征孔隙团的面积变化

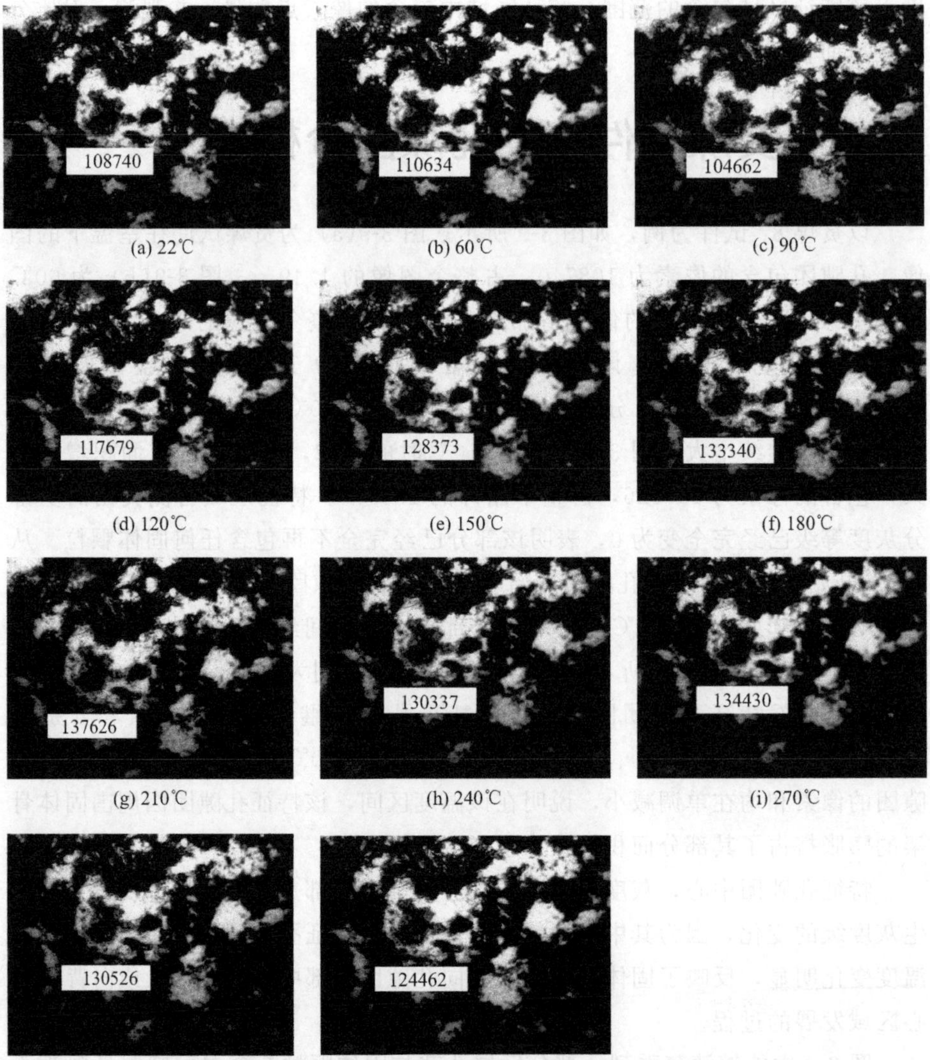

(a) 22℃ (b) 60℃ (c) 90℃ (d) 120℃ (e) 150℃ (f) 180℃ (g) 210℃ (h) 240℃ (i) 270℃ (j) 300℃ (k) 350℃

图 3-9　8# 试件特征孔隙团随温度增加改变的显微图像

趋势与整个图像的变化趋势一致，整个的变化过程如图 3-10 所示。

图 3-10 清晰地呈现了特征孔隙团随温度升高像素点总和变化的情况，特征孔隙团像素综合在 0～350℃范围内波动变化，在 150℃、210℃和 270℃温度点呈现三个波峰，在 90℃呈现一个波谷，特征孔隙团变化的趋势与整个图像按灰度等级统计分析处理得到的结果一致，都经历了由波谷到波峰的波动变化过程，导致宏观渗透率相应地增加或者减小。

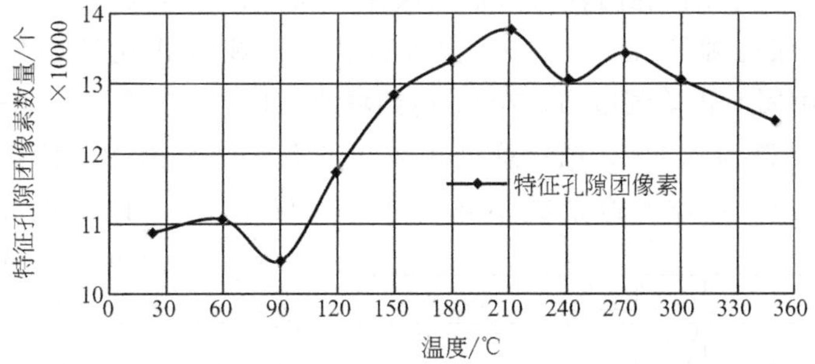

图 3-10 8# 煤样特征孔隙团像素数量随温度增加而变化的曲线

3.2.2 花岗岩试件特征孔隙团分析

图 3-11 为花岗岩试样特征孔隙团的变化情况，图像总像素大小为 7281900，图中红色区域为一个特征孔隙团，以下详细分析该孔隙团的形状和大小变化。

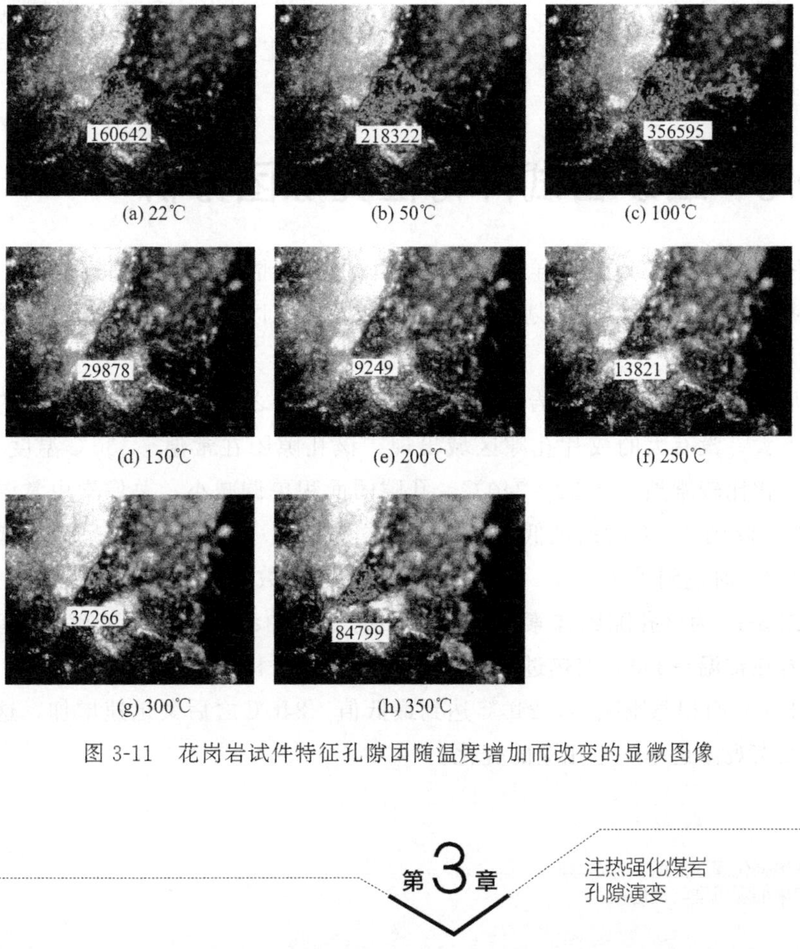

(a) 22℃ (b) 50℃ (c) 100℃ (d) 150℃ (e) 200℃ (f) 250℃ (g) 300℃ (h) 350℃

图 3-11 花岗岩试件特征孔隙团随温度增加而改变的显微图像

从图 3-11 可见，花岗岩图像相比煤样其固体骨架或者颗粒更加致密，且比较均匀。该孔隙团在 0～350℃温度段内，面积变化比较剧烈，从 22～100℃，孔隙团面积单调增加，100℃达到峰值，100～150℃，特征孔隙团像素占比由 4.8%降为 4.1%，像素总和由 356595 降为 29878，孔隙团剧烈地单调减小，到 200℃孔隙团像素减小到仅 9249，仅是 100℃时的孔隙团数量的 2.6%。从 200～350℃，孔隙团像素单调逐渐增加，由 9249 增加到 84799，增加 9.2 倍。

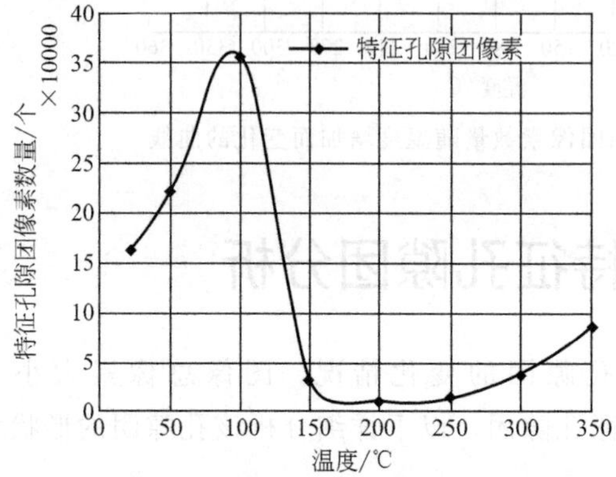

图 3-12　花岗岩试件特征孔隙团像素数量随温度增加而变化的曲线

图 3-12 为花岗岩特征孔隙团像素随温度增加的变化曲线，从图中能够清楚看到：花岗岩在常温～350℃加热过程中，其内部孔隙面积发生了剧烈的变化。从常温～100℃，面积增加，100～200℃面积急剧减小，200～350℃面积逐渐增加，这也正好导致宏观渗透率产生相应的变化。

3.2.3　细砂岩试件特征孔隙团分析

图 3-13 为细砂岩试样特征孔隙团的变化情况，图像总像素大小为 7281900，在图像中间区域划定一个特征孔隙团，以下详细分析该孔隙团的形状和大小变化。

从图 3-13 可见，细砂岩图像比较均匀，颗粒之间排列紧致，孔隙的尺度相差不大，没有大的成片孔隙区域出现。该孔隙团在常温～350℃温度段内，面积变化比较剧烈，从 22～240℃，孔隙团面积单调减小，总像素由常温时的 49073 下降到 240℃时的最低值 16233，下降了 66.9%，之后又呈迅速增加趋势，350℃时达到了 43595，基本与常温时像素个数相等。

图 3-14 为该孔隙团像素随温度增加的变化曲线，从图中能够清楚看到：细砂岩在常温～350℃加热过程中，其内部孔隙面积在剧烈地发生变化。从常温到 240℃面积急剧减小，240℃达到最低值，240℃之后又迅速增加，这也正好导致宏观渗透率产生相应的变化。

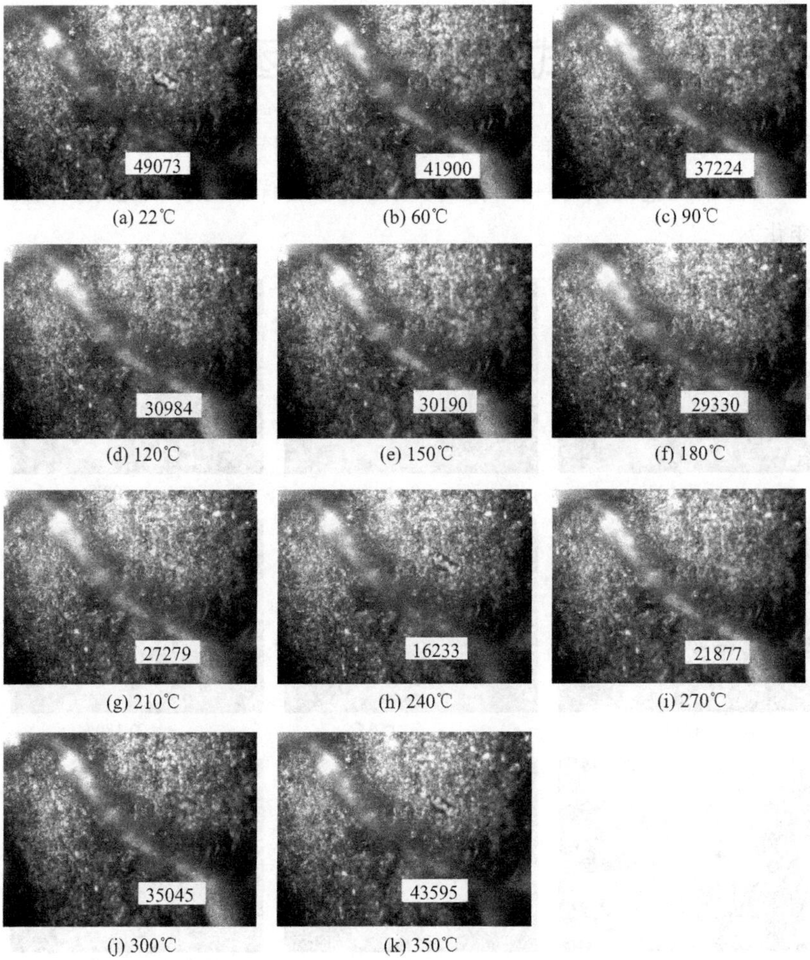

图 3-13　细砂岩试件特征孔隙团随温度增加改变的显微图像

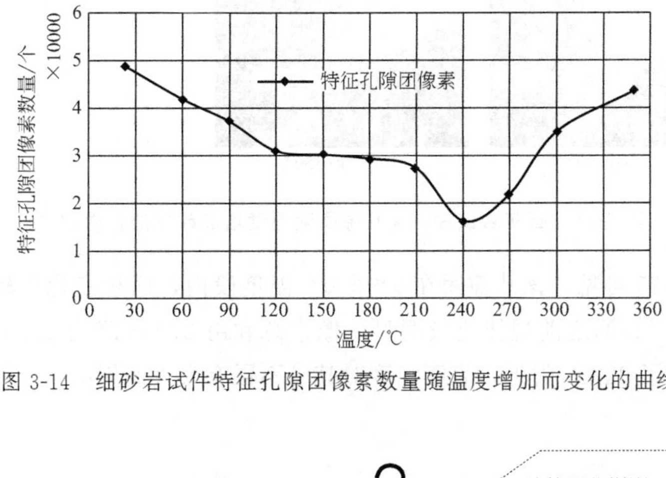

图 3-14　细砂岩试件特征孔隙团像素数量随温度增加而变化的曲线

3.2.4 石灰岩试件特征孔隙团分析

图 3-15 为石灰岩试样特征孔隙团的变化情况，图像总像素大小为 7281900，图中红色区域为一个特征孔隙团，以下详细分析该孔隙团的形状和大小变化。

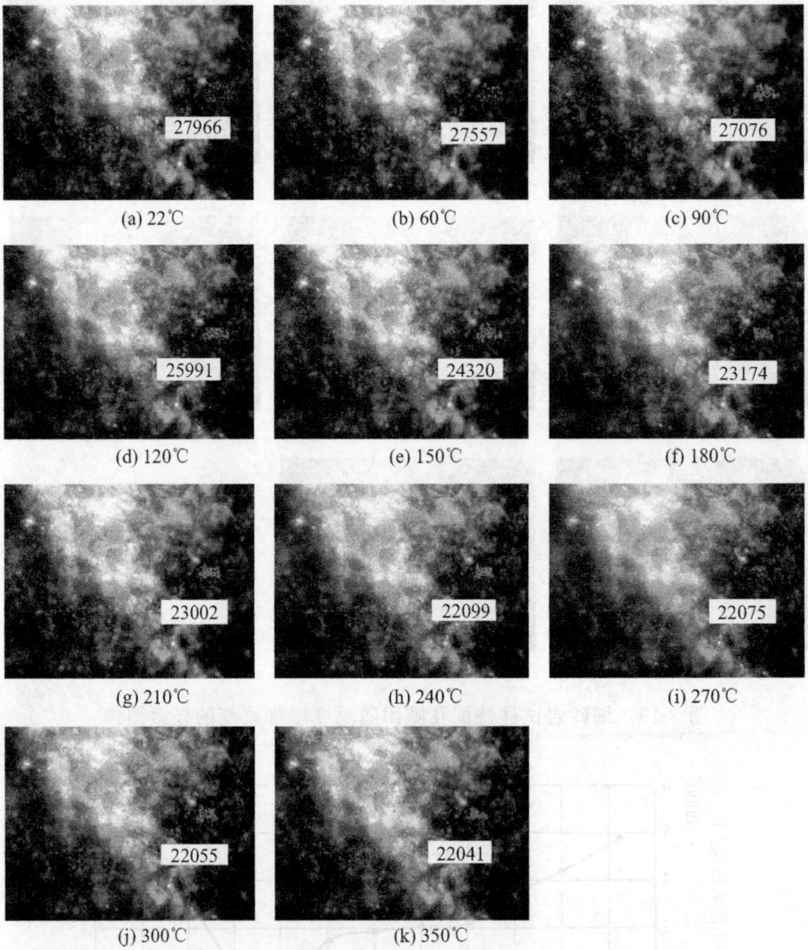

图 3-15　石灰岩试件特征孔隙团随温度增加改变的显微图像

从图 3-15 可见，该孔隙团在 0～350℃温度段内，面积变化比较规律，单调减小，在 240℃之前规律比较明显，像素总和由 27966 降为 22099，之后稳定地停留在了 22000 附近，表明温度对其已不再有太大的影响。

图 3-16 为该孔隙团像素随温度增加的变化曲线，从图中能够清楚看到：石灰岩在常温～350℃加热过程中，其内部孔隙面积在单调地减小，这也正好导致宏观渗透率产生相应的变化。

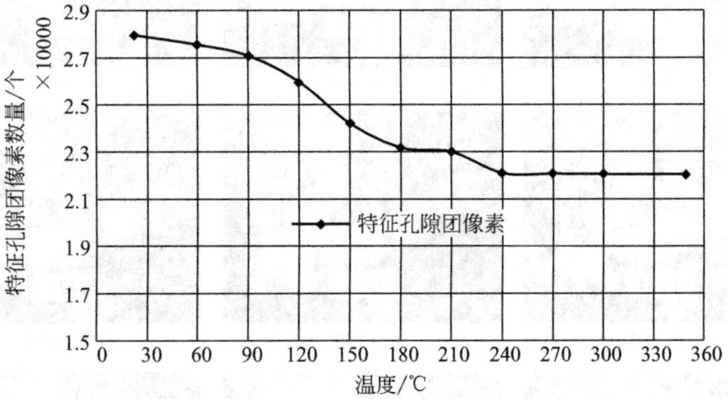

图 3-16 石灰岩试件特征孔隙团像素数量随温度增加而变化的曲线

3.2.5 焦煤试件特征孔隙团分析

图 3-17(a) 为煤样试件在室温下的图像，孔隙团包含的像素为 53076，占整个图像的 0.73%。图 3-17(b) 为 60℃时的图像，孔隙团包含的像素增加为 67447，占整个图像的 0.93%。图 3-15(c) 为 90℃时的图像，该孔隙团包含的像素为 73906，占整个图像的 1.01%。图 3-17(d) 为 120℃的图像，该孔隙团包含的像素为 75104。图 3-17(e) 为 150℃时的图像，孔隙团区域面积出现下降，包含的像素为 51857，占整个图片的 0.712%。图 3-17(f)～(h) 为 180℃、210℃、240℃时的图像，煤样特征孔隙团开始增大，像素和分别为 61428、64558、67373。从 240℃开始，观测的特征孔隙团开始收缩，即该孔隙团周围固体骨架向该孔隙团中心方向膨胀，在 300℃出现停止状态，如图 3-17(h)～(k) 所示。

整体分析图 3-17 可知，试件在室温～350℃温度段内，特征孔隙团像素总和变化出现了 2 个峰值，即这一区域面积变化出现了两次大的波动，分别在 120℃、240℃温度点附近，在 90℃出现一个波谷。由图 3-8 的整个图像灰度统计分析可知，在 120℃、240℃温度点附近，像素数量显现两个波峰，并且在 180℃呈现一个波谷。特征孔隙团的面积变化趋势与整个图像的变化趋势一致，整个的变化过程如图 3-18 所示。

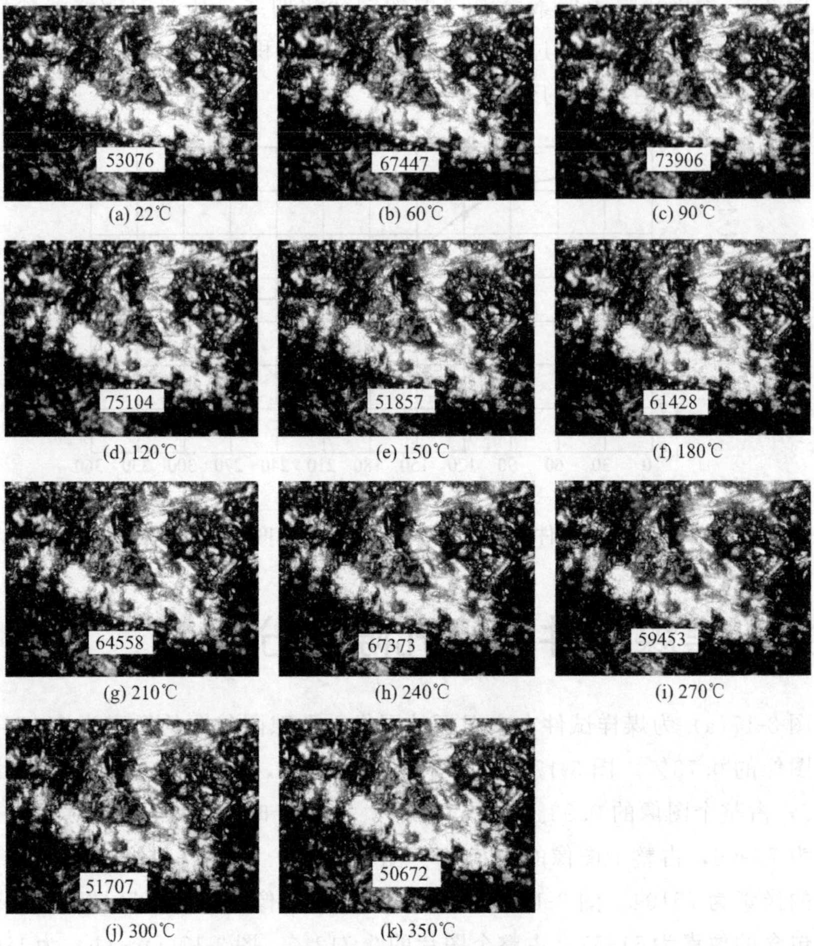

图 3-17　焦煤试件特征孔隙团随温度增加改变的显微图像

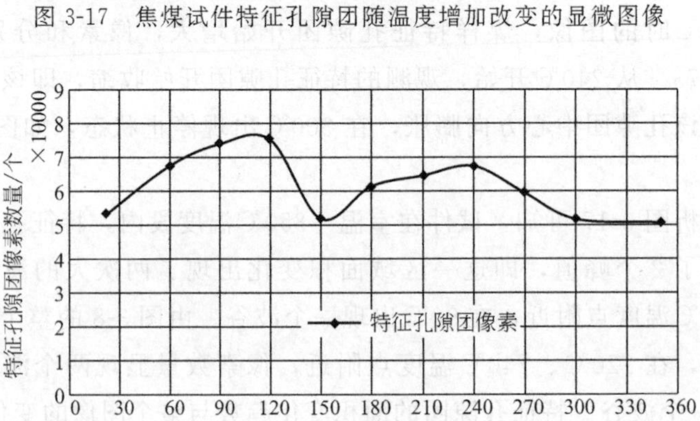

图 3-18　焦煤试件特征孔隙团像素数量随温度增加而变化的曲线

图 3-18 清晰地呈现了特征孔隙团随温度升高像素点总和变化的情况，特征孔隙团在 0～350℃范围内面积波动变化，在 120℃、240℃温度点呈现两个波峰，在 150℃呈现一个波谷，特征孔隙团变化的趋势与整个图像按灰度等级统计分析处理得到的结果一致，都经历了由波谷到波峰的波动变化过程，导致宏观渗透率相应地增加或者减小。

3.3 煤岩孔隙细观结构随温度增加演变规律

通过电子图片的灰度统计分析可知，贫煤 2#、8#、9# 煤样试件随着温度升高，均呈现孔隙先增加而后减少的变化规律，但峰值点的温度并不相同。而 3# 煤层煤样则呈现单调减小的规律。若把某个温度邻域内贫煤孔隙率出现极大值点的温度点定义为临界温度点 T_c，将贫煤各试件图像 60 灰度级以下像素总和的占比与对应的临界温度点列为表 3-1，便会发现：60 灰度级以下像素总和的占比越小，临界温度点则越低，也即孔隙率越低。当温度升高时，固体颗粒膨胀挤占孔隙，导致孔隙降低的峰值温度就越低。

表 3-1　孔隙率与临界温度点对应表

贫煤试件号	3#	8#	2#	9#
像素占比/%	0.67	2.87	4.28	6.55
T_c/℃	22	120	150	180

研究贫煤试件孔隙率随温度增加变化的规律，2#、8#、9# 煤样试件均出现临界温度点，即孔隙率在特定温度点邻域内存在极大值点。3# 试件却呈现单调降低的变化，仔细对比分析，常温下贫煤 2#、8#、9# 试件孔隙率均比 3# 试件大很多，温度增加后，更小的孔隙没有受热后膨胀的过程，即从一开始煤体固体骨架就在向内膨胀，侵入孔隙中，所以，认为孔隙率随温度变化的关系，受初始孔隙率和煤体膨胀两个因素共同影响。

煤体骨架受热会膨胀，如果煤体初始孔隙率很大，则煤体更倾向于发生下面的情况：“煤体整体向外膨胀的尺度或程度大于煤体骨架向孔隙内侵入的尺度，煤体孔隙还是会增加”。如果煤体初始孔隙率很小，则单位体积内过多的固体颗粒受热膨胀，很快侵入和挤占邻近孔隙，试件孔隙率减小。所以，发现特定试件除了存在峰值温度点外，更为关键的是存在阈值孔隙度。对于不同的煤岩试件，均存在一个阈值孔隙度，初始孔隙度大于阈值孔隙度时，随温度升高，试件孔隙率会有一个先增大后减小的变化过程，如果初始孔隙度小于阈值孔隙度，孔隙率随温度增加一直单调减小，并将此阈值孔隙率用 φ_c 表示，φ_c、T_c 的存在使得煤岩体渗透率随温度变化的规律变得非常复杂，很难建立一个统一的规律或用一个普适的方程来表达。

花岗岩、细砂岩、石灰岩随温度增加，孔隙度均呈现先减小后增大的规律，花岗岩的最低温度点在 200℃，细砂岩在 210℃，石灰岩在 270℃。它们的这种波动变化现象跟岩石内部热破裂过程密切相关。开始阶段，随温度升高，固体颗粒膨胀挤占了岩石内部孔隙空间，孔隙率减小；随后岩石产生热破裂，新生许多孔隙裂隙，岩石渗透率增大。随温度继续升高，此种过程循环往复，正印证了岩石热破裂是一个持续不断的能量集聚和释放的交替过程。

胡耀青、赵阳升等[13] 在温度对褐煤渗透特性影响的实验研究中得出：在 50℃以前，体积应力与孔隙压力不变的情况下，煤样渗透率随温度的升高而减小，50℃以后出现相反的规律；另外还发现渗透率随温度的升高出现极低及极高点的波动，认为渗透率的这种波动变化是煤体所受热应力与有效应力大小的对比结果。这一宏观的实验规律可以用本书揭示的细观规律清晰解释，如 8# 贫煤样，常温～60℃，孔隙占比随温度升高而降低，在宏观上表现为渗透率降低；60～120℃，试件孔隙占比随温度升高而升高，则此段渗透率增加；从图 3-4(c) 中可清晰看到至 120℃后孔隙占比又降低，并且在降低的过程中呈现波动变化的规律。李志强、鲜学福等[19,20] 在煤体渗透率随温度和应力变化的实验研究中也发现渗透率随温度的波动变化，并用煤体受热引起的内外膨胀给以解释，与本书的细观结论是吻合的。

张渊、赵阳升[15-17] 等对长石细砂岩渗透率的研究发现，在低温度区（25～100℃），渗透率随温度升高增大；其后随着温度升高，渗透率变化波动较大，表现出不同的分段特征。在低温区，随温度升高，细砂岩内部孔隙增大，渗透率增大；随温度的升高，细砂岩内部孔隙增大，岩石发生第一次热破裂，产生更多的孔隙和裂纹，表现为渗透率的增加。随温度继续升高，固体颗粒膨胀又导致孔隙裂隙的减少，导致渗透率降低，从而出现渗透率的波动变化。

赵阳升、万志军等[14] 在研究岩石热破裂与渗透性相关规律时发现：花岗岩试样在 350℃之前其渗透率随着温度增加波动变化，在 55～65℃温度段、110～230℃温度段、270～340℃温度段、400～500℃温度段，其渗透率均呈现一个峰值区间。赵阳升、万志军等认为岩石的热破裂短时间内增大了煤岩的孔隙率，热破裂区域会新增裂纹，渗流通道被打开，渗透率增大。在继续升温的过程中，发生热破裂的岩石颗粒继续热膨胀，使得裂纹宽度减小，部分甚至闭合，导致连通性降低，渗透率降低。在不断的升温过程中，岩石局部的热破裂和热破裂区域岩石颗粒膨胀互相作用，就导致了渗透率随着温度增加，存在一个个峰值区间。本书图 3-12 中的花岗岩特征孔隙团随温度增加面积变化图像，就直观清晰地再现了文献［14］实验发现的现象，特征孔隙团面积在 100℃达到一个峰值，随后随温度增加急剧降低，在 150℃后缓慢增加。总之，岩石在温度作用下，固体颗粒的膨胀和固体骨架的热破裂使得岩石内部孔隙裂隙空间不断变化，导致宏观渗透率产生相应的变化，这正是岩石温度-渗透率耦合作用的规律。

受上述规律支配，极有可能使原位注热强化新型资源开发技术难以实施，或难以达到预期效果，这迫使研究者们寻求新的解决方案。在注热强化煤层气开采中，由于煤体吸附煤层气会发生膨胀变形，而注热会加剧煤层气的解吸及释放，并使煤体发生收缩变形，因此，如果巧妙地安排煤层注热工艺流程，便可利用瓦斯解吸引起的煤体收缩效应抵消注热带来的煤体膨胀和渗透率减小的不利影响，更多的工程问题还需更深入地优化工艺流程等。

3.4 本章小结

本章针对贫煤、焦煤、细砂岩、石灰岩和花岗岩试样，详细介绍了在线加热同步观测煤岩样孔隙结构演变图像的实验研究方法，并对所得电子图片进行详细的分析，获得如下结论：

① 随温度升高，那些既有固体颗粒，又有纯孔隙的子网格，受温度作用明显，其灰度变化大，也即孔隙变化大，这部分孔隙正是多孔介质的喉道孔隙，该孔隙大小的变化，就会引起煤岩渗透率的急剧变化，是渗流力学研究的重点。

② 22～350℃，将贫煤试件孔隙率随温度升高由增大到减小的转折温度点定义为临界温度点 T_c，在临界温度点的邻域内试件孔隙率出现极大值点。试件常温下孔隙率越低，临界温度点也越低，其机理是当温度升高时，固体颗粒膨胀挤占孔隙，导致孔隙降低的临界温度就越低。

③ 不同的贫煤样存在阈值孔隙度 ϕ_c，如果试件常温下的孔隙度小于阈值孔隙度 ϕ_c，则随温度增加，试件孔隙率呈现单调减小的规律。

④ 花岗岩、细砂岩、石灰岩随温度增加，孔隙度均呈现先减小后增大的规律，花岗岩的最低温度点在200℃，细砂岩在210℃，石灰岩在270℃。随温度增加，岩石的这种波动变化的规律，正印证了岩石热破裂是一个能量集聚和释放的交替过程。

⑤ 已经发表的许多关于煤岩体渗透率随温度增加，呈现的波动变化规律、减小规律[13-17]，都可以用本书所揭示的煤岩样细观结构受温度的作用演变的规律得到很好的解释。

⑥ 巧妙地改进原位注热开采工艺，用煤岩体因部分矿物采出发生的体积减小抵消注热引起的体积膨胀和渗透率减小的不利影响，是相关工程技术努力的方向。

在线加热，同步观测煤岩样细观结构演变的研究方法和研究内容，由于对实验设备和研究条件要求很高，本书也仅是初步尝试，也仅是对不受力作用的煤岩薄片进行了细观研究，如何在受力、又受温度作用下的煤岩样进行细观结构研究，仍有相当长的路要走，但可能代表了岩石渗流力学的一些新的趋向。

参考文献

[1] 胡文瑞. 中国低渗透油气的现状与未来 [J]. 中国工程科学，2009，11 (8)：29-37.

[2] 韩大匡. 中国油气田开发现状、面临的挑战和技术发展方向 [J]. 中国工程科学，2010，12 (5)：51-57.

[3] 郭尚平. 渗流力学发展值得重视的几个方面 [J]. 科技导报，2012，30 (35)：3.

[4] 赵阳升，冯增朝，杨栋，等. 对流加热油页岩开采油气的方法. CN 2005100124734 [P]. 2005-10-05.

[5] 赵阳升. 多孔介质多场耦合作用及其工程响应 [M]. 北京：科学出版社，2010，330-373.

[6] 冯增朝，赵阳升，吕兆兴，等. 加热煤层抽采煤层气的方法. CN 200810079794X [P]. 2009-04-29.

[7] 王杰，赵东，蔡婷婷，等. 结合孔隙结构分析热蒸汽对煤体瓦斯解吸的影响 [J]. 矿业研究与开发，2021，41 (5)：113-117.

[8] 陆红波，吕兆兴，冯增朝. 注热井周围煤体蠕变过程的渗透率变化规律模拟研究 [J]. 中国矿业，2020，029 (005)：167-172.

[9] Somerton W H，Gupta V S. Role of fluxing agents in thermal alteration of sandstone [J]. Journal of Petroleum Technology，1965，17 (5)：585-588.

[10] Homand-Etienne F，Houpert R. Thermally induced microcraking in granites：charac-

terization and analysis [J]. International Journal of Rock Mechanics and Mining Sciences and Geomechanics Abstracts, 1989, 26 (2): 125-134.
[11] 陈颙，吴晓东，张福勤. 岩石热开裂的实验研究 [J]. 科学通报，1999，44 (8)：880-883.
[12] 梁冰，高红梅，兰永伟. 岩石渗透率与温度关系的理论分析和实验研究 [J]. 岩石力学与工程学报，2005，24 (12)：2009-2012.
[13] 胡耀青，赵阳升，杨栋，等. 温度对褐煤渗透特性影响的实验研究 [J]. 岩石力学与工程学报，2010，29 (8)：1585-1590.
[14] 赵阳升，万志军，张渊，等. 岩石热破裂与渗透性相关规律的实验研究 [J]. 岩石力学与工程学报，2010，29 (10)：1970-1976.
[15] 张渊，赵阳升，万志军，等. 不同温度条件下孔隙压力对长石细砂岩渗透率影响实验研究 [J]. 岩石力学与工程学报，2008，27 (1)：53-58.
[16] 张渊，万志军，赵阳升. 细砂岩热破裂规律的细观实验研究 [J]. 辽宁工程技术大学学报，2007，26 (4)：529-531.
[17] 张渊，万志军，康建荣，等. 温度、三轴应力条件下砂岩渗透率阶段特征分析 [J]. 岩土力学，2011，32 (3)：677-683.
[18] 冯子军，万志军，赵阳升，等. 高温三轴应力下无烟煤、气煤煤体渗透特性的实验研究 [J]. 岩石力学与工程学报，2010，29 (4)：689-696.
[19] 李志强，鲜学福. 煤体渗透率随温度和应力变化的实验研究 [J]. 辽宁工程技术大学学报（自然科学版），2009，28 (s1)：156-159.
[20] 李志强，鲜学福，隆晴明. 不同温度应力条件下煤体渗透率实验研究 [J]. 中国矿业大学学报，2009，38 (4)：523-527.
[21] 程瑞端，陈海焱，鲜学福，等. 温度对煤样渗透系数影响的实验研究 [J]. 煤炭工程师，1998，(1)：13-16.
[22] 赵阳升，孟巧荣，康天合，等. 显微 CT 实验技术与花岗岩热破裂特征的细观研究 [J]，岩石力学与工程学报，2008，27 (1)：28-34.
[23] 孟巧荣，赵阳升，于艳梅，等. 不同温度下褐煤裂隙演化的显微 CT 实验研究 [J]. 岩石力学与工程学报，2010，29 (12)：2475-2483.
[24] 孟巧荣，赵阳升，胡耀青，等. 焦煤孔隙结构形态的实验研究 [J]. 煤炭学报，2011，36 (03)：487-490.
[25] 孟巧荣，赵阳升，胡耀青，等. 褐煤热破裂的显微 CT 实验 [J]. 煤炭学报，2011，36 (05)：855-860.
[26] 孟巧荣，赵阳升，胡耀青. 微焦点显微 CT 在煤岩热解中的应用 [J]. 煤炭学报，2013，38 (03)：430-434.
[27] 赵阳升，孟巧荣，康天合，等. 显微 CT 实验技术与花岗岩热破裂特征的细观研究 [J]. 岩石力学与工程学报，2008，27 (1)：28-34.

第4章

注热强化煤岩细观结构演变

煤体的孔隙裂隙结构对煤体渗透性起着至关重要的作用，裂隙是渗流的主要通道，连通着周边无数的孔隙。在煤体中，裂隙度较孔隙度小几倍到几十倍，而裂隙渗透度却比孔隙渗透度大几个数量级，因此，提高煤体裂隙度可以大幅度增加煤体渗透性，从而提高煤层瓦斯的抽采效率。

已有研究表明，温度对煤体内部孔隙裂隙的产生、发育、扩展影响巨大，煤岩体受温度作用的这种效果与煤种、煤体的物理结构、所含组分及煤体的热属性有关，许多学者从煤体孔隙裂隙成因、分类开始，基于温度对煤岩体孔隙结构及渗透性影响，进行了大量详细的实验，取得了有价值的研究成果。

Gan[1] 以煤体孔隙的成因分类，把孔隙分为：分子间孔隙、煤植体孔隙、裂缝孔、热成因孔，将热因作为孔隙的一种类型。郝琦[2] 通过研究将煤孔隙划分为：溶蚀孔、铸模孔、气孔、植物组织孔、粒间孔、晶间孔和溶蚀孔等。张慧[3] 通过扫描电镜观测手段对大量的煤样进行研究，将煤孔隙分为原生孔(几到几十微米)、变质孔、外生孔、矿物质孔。原生孔指煤沉积时已形成的孔，主要包括胞腔孔和屑间孔。变质孔是煤在变质过程中由于经历各种物理化学过程形成的孔隙，主要有链间孔（其孔径在 0.01～0.13μm 之间）和气孔(其孔径在 0.1～3μm 之间)，外生孔指煤在固结成岩后，受外界因素影响而形成的孔隙，主要包括角粒孔（孔径为 2～103μm)、碎粒孔（孔径为 0.5～5μm 之间）和摩擦孔。矿物质孔指由于矿物质的存而产生的孔隙，孔的大小为微米级，包括溶蚀孔、铸模孔和晶间孔。阎纪伟、冯增朝[4] 等应用 μCT225kFCB 型高精度 CT 实验系统，通过显微 CT 实验研究了煤级、灰分、煤显微组分等对煤孔隙结构的影响，得到了煤样孔隙率、渗透率和分形维数之间的关系，指出煤种矿物质会对煤体孔隙率及平均粒径带来影响，提出孔隙分维数可以作为煤体孔隙特征及透气性评价的指标。张晓辉、康志勤[5] 等通过 4 种类型煤样 CT 扫描实验分析了构造变形对煤孔隙裂隙结构的影响，指出与原生煤样相比，碎裂煤阶段易形成大量外生孔隙和微裂隙，平均孔径和面孔隙率也最大；糜棱煤阶段易发生塑性变形，糜棱质发育并充填孔隙，平均孔径和面孔隙率最小。王刚[6] 等基于 CT 三维重建技术建立了模拟煤体孔隙结构的计算数字模型，在利用 CT 三维数字技术方面提出了许多直观的研究方法，为 CT 技术的应用拓宽了范围。陈同刚等利用 X-CT 技术重建了实验煤样包含矿物质在内的孔隙裂隙结构，指出 CT 数与孔隙度有较好的相关性，可以用来分析和评价煤体中的孔隙、裂隙及空间形态。于艳梅、胡耀青、梁卫国[7,8] 等利用 CT 技术研究了瘦煤孔隙裂隙随温度变化的规律，指出瘦煤在 300℃时小的孔隙连通扩充成大的孔隙团，从 180～600℃温度段，孔隙数量呈先减小后增大的规律。

宋晓夏等[9] 利用显微 CT 技术实验煤样渗流孔进行了细观表征，指出煤的孔隙数量、面孔隙度等随构造变形的增加而增大，煤颗粒局部粉末状糜棱质会充填煤体部分孔隙从而引起煤体平均孔径下降。

综上所述，诸多学者从不同角度探讨了煤孔隙结构的成因与分类，并借助 CT 扫描技术对煤体孔隙结构进行大量分析研究，可以得出：

① 根据煤体原始孔隙成因、物理化学过程、孔隙物理状态等因素对煤体孔隙进行分类，则煤体孔隙除具有物理尺度的区分及度量外，明确了其具体的地质矿物指标及物理化学属性，可以在更大范围内讨论煤体孔隙裂隙变化与煤体变形、温度影响、化学作用、渗流过程等相关物理过程联合作用的影响机理。

② 能够借助 CT 实验研究煤级、灰分、煤显微组分等对煤孔隙结构的影响，进而分析煤样孔隙率、渗透率和分形维数之间的关系。

③ 外生孔隙、微裂隙等发展变化对平均孔径、面孔隙率等影响巨大。

④ 受温度作用，部分煤样孔隙结构变化明显。

前文第 3 章利用偏光显微镜对煤体孔隙结构进行了细致分析，得到了煤体内部孔隙随温度升高变化的规律，尽管实验过程实现了在线加热、即时观测、电子照相留存样本，但实验试件较小（厚度仅为 0.3mm），实验过程照相受环境光线影响，仍有必要用 CT 研究的方法从更接近宏观尺寸（试件直径 7mm）的角度进一步研究孔隙裂隙随温度升高变化的规律。

4.1 随温度作用煤岩 CT 扫描细观统计分析

试验主体设备采用太原理工大学采矿工艺研究所 μCT225kVFCB 型高精度显微 CT 系统，如图 4-1 所示，该系统焦距 4.5mm，分辨率≤0.2%，放大倍数为 1～400，最小焦距 3μm。另外配备自制的气氛炉加热的方式对试样进行缓慢加热，该炉采用功率 300W 的炉丝加热，温控精度±1℃。

4.1.1 实验方案

实验时，首先将 ϕ7mm 的试件放置于显微 CT 转台上，进行常温下 CT 扫描观测；然后将试样置于气氛炉中，加热。当加热温度显示至预定温度后，恒温

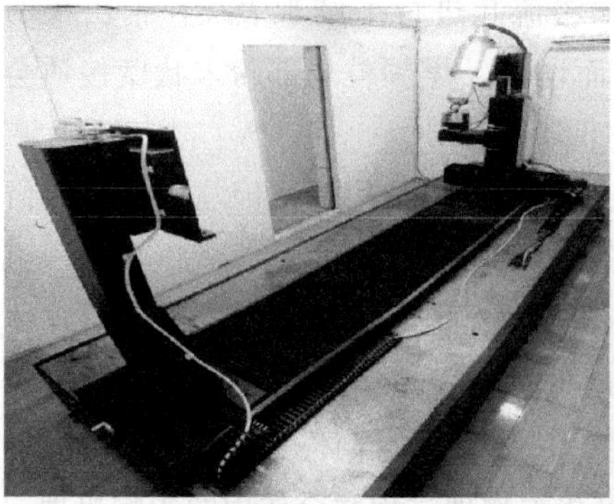

(a) 高精度显微CT

(b) 数据采集分析系统

图 4-1　μCT225kVFCB 型高精度显微 CT 系统

30min，随后冷却至室温，移走气氛炉，进行此实验温度下试样的扫描实验，在加热、恒温和冷却过程中，试样一直处在氩气保护环境下。设定研究的第一个温度点为 100℃，随后研究 200℃，最后是 300℃下的试样变化情况。本实验扫描三个断层，研究不同扫描断层在温度变化下其孔隙裂隙变化的情况。

下文将用瘦煤、无烟煤、褐煤、气煤等煤种进行 CT 扫描实验，统计其特征孔隙裂隙变化，从而反映其渗透率随温度变化的规律。

4.1.2　分析原理

工业 CT 成像的基本原理依靠射线的衰减变化，即射线经历被测物后衰减，后被探测器测量，以在探测器上的投影重建图像。当 CT 扫描建立的图像经灰度化处理后，仍可以采用研究“图像不同色阶像素值变化”的方式来研究被测物内部物质组成及形状变化。

CT 扫描的数据量比较大，可以从各个方向对试样进行扫描及进行图像再现，选择试件上、下、中间部位垂直层理的三个断层进行分析，分别在室温、100℃、200℃、300℃下进行实验，将扫描图样进行灰度化处理，分析随温度变化对试样孔隙裂隙形成、连通、扩充的影响过程。

进行 CT 图像的研究，理论上仍将试样的图像看成是由许多非常小的正方形网格（像素）组成。这样，每一个小网格色阶的不同即能体现煤岩样固体颗粒与孔隙分布的特性及不同。

处理数据时，CT 扫描所成图像是一个正方形，该正方形所包含的不同色阶下的像素总个数不会变化，我们在分析时仅需要将图 4-2 中代表试件图像的圆形

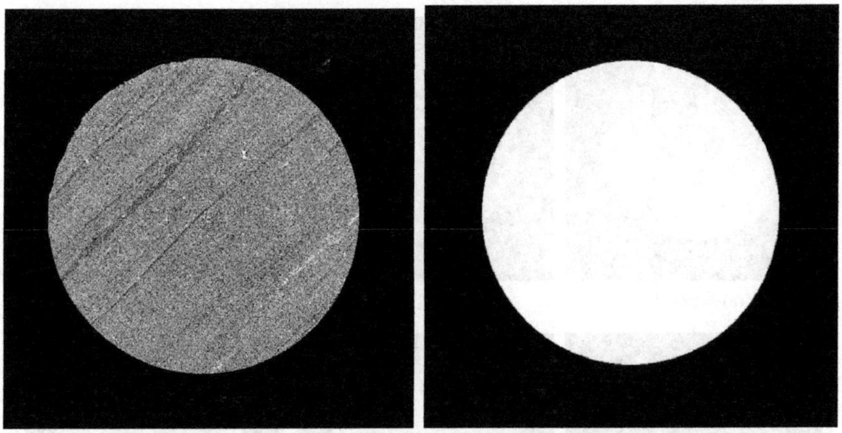

(a) CT源图像　　(b) 周边背景图像

图 4-2　CT 数据处理图例

部分进行分析，所以利用图像处理工具将试件圆形部分周围的部分进行剔除，剔除的分选原则仍是按照色阶分析。即在图 4-2(a) 中我们不能直接统计 0 色阶的值，因为，此时尽管图 4-2(a) 的背景 0 色阶占有整个图像的绝大部分，但如果直接统计 0 色阶，将把圆形区域内的试件的少数 0 色阶像素也统计进来，产生误差。但我们可以统计图 4-2(b) 中的背景 0 色阶，此时的 0 色阶像素个数能够代表背景黑色区的面积大小。这样为我们进行色阶绝对数分析或百分占比提供了可能。经历这一过程，我们将会得到试样图像圆形中所有色阶的像素占比，分析固定色阶下像素的百分占比，就能够反映该试件孔隙裂隙的变化。

4.1.3　褐煤试样统计分析

选取试样的三个剖面进行 CT 扫描，将三个剖面随温度变化（常温、100℃、200℃、300℃）的图像列于图 4-3。

统计三个剖面各自的像素变化如图 4-4～图 4-6 所示。

从图 4-3 中可以看出在常温～300℃下，褐煤煤样孔隙裂隙生成、发育、扩展变化非常明显，在 200～300℃之间部分裂隙甚至横穿了煤样试件；100℃之前，煤样以裂隙的生成为主，煤样形状几乎不发生变化；100℃之后，孔隙裂隙进一步扩充、连通，扩充向着层理方向发展、形成了许多大的通道，这些大的通道增大了煤体的渗透率，大裂隙的继续扩充带动周围孔隙进一步加重变形的烈度，使得小裂隙由孔隙与煤体骨架的过渡区直接变成纯孔隙，其间不再杂含任何固体颗粒。

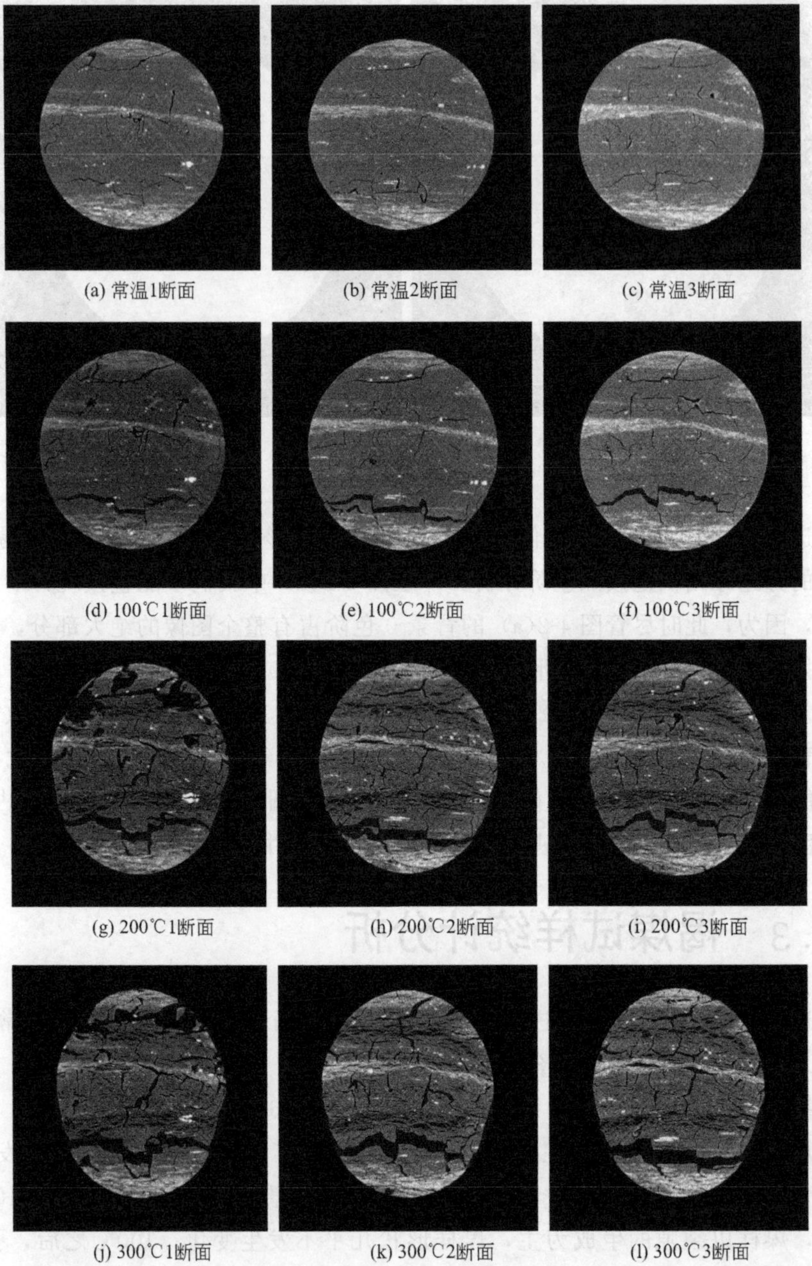

(a) 常温1断面 (b) 常温2断面 (c) 常温3断面

(d) 100℃1断面 (e) 100℃2断面 (f) 100℃3断面

(g) 200℃1断面 (h) 200℃2断面 (i) 200℃3断面

(j) 300℃1断面 (k) 300℃2断面 (l) 300℃3断面

图 4-3 褐煤 CT 扫描图像

此外，常温～100℃温度区间，煤样试件形状几乎未发生任何变化，经过100℃后，试件形状变化加剧，但试件总体仍是发生以孔隙膨胀为主的变形。

图 4-3 从定性角度探讨了常温～300℃下褐煤煤样的孔隙裂隙演化过程，对上述三个剖面进行色阶定量统计与分析，并将最终结果汇总如图 4-4～图 4-6 所示。

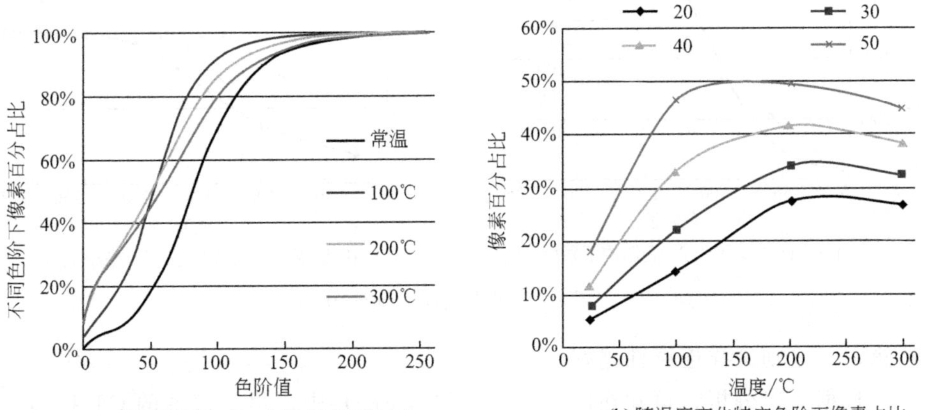

(a) 不同温度下0～255色阶像素累积占比

(b) 随温度变化特定色阶下像素占比

图 4-4　褐煤剖面 1 统计图

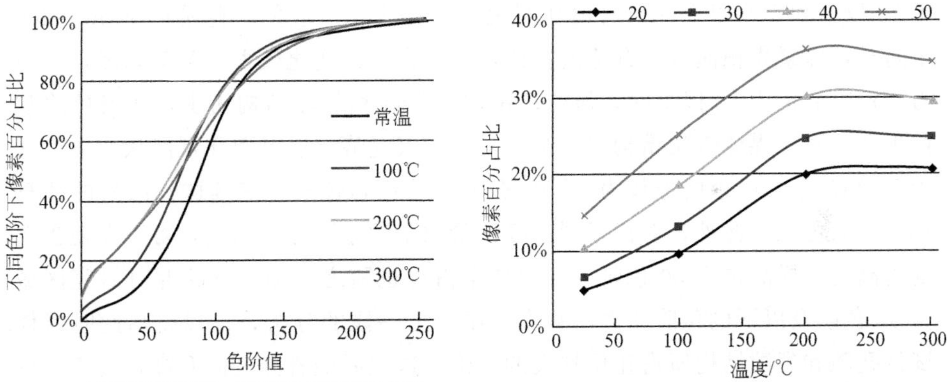

(a) 不同温度下0～255色阶像素累积占比

(b) 随温度变化特定色阶下像素占比

图 4-5　褐煤剖面 2 统计图

从图 4-4～图 4-6 显示了褐煤试样三个剖面在不同温度条件下各色阶像素所占有的比例。图（a）反映的是常温～300℃时各剖面图像 0～255 色阶像素的累积百分占比，图（b）体现的是色阶值为 20、30、40 和 50 时常温～300℃下的像素占比情况。需要指出的是，当色阶为 0 时，代表此时研究区域全部为孔隙或裂隙；当色阶为 255 时，则反映此时研究对象为煤体骨架（连续体）；若色阶介于 0～255 之间，说明此时分析范围同时涵盖孔隙和骨架两种结构。针对同一个试件而言，色阶数越小，孔隙结构所占的比例越大，煤体破坏得越

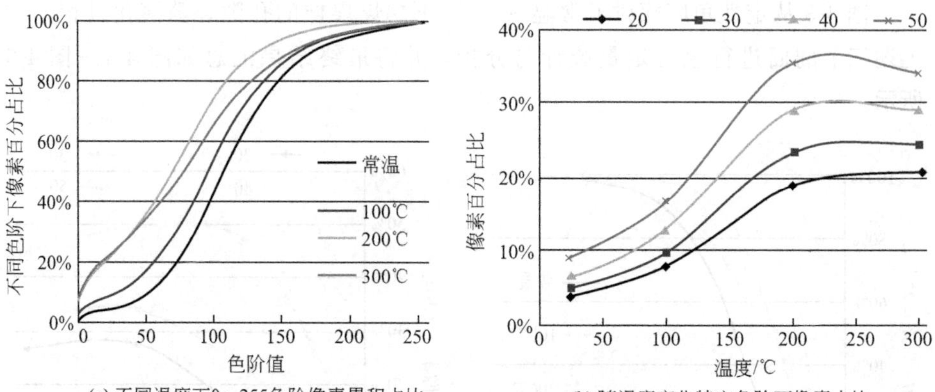

(a) 不同温度下0～255色阶像素累积占比　　(b) 随温度变化特定色阶下像素占比

图 4-6　褐煤剖面 3 统计图

严重，反之则试样连续性越好。

根据上述分析，可知在图 4-4(a)～图 4-6(a) 中，尽管试件的 CT 扫描剖面不尽相同，但其各色阶的像素累积占比展现出的规律大体一致，即针对常温而言，0～50 和 200～255 色阶范围内像素值百分占比变化不大，代表此时位于 50 以下和 150 以上的色阶值相对恒定。与之相对应的，色阶位于 50～200 之间时，像素累积曲线上升速度较快，百分占比值变化较大。究其原因，是因为当色阶数位于 50 以上时，研究范围内以孔隙和裂隙结构为主，而当色阶数位于 200 时，煤体骨架结构（连续体）占较大优势，这就使在常温状态下以低于 50 和高于 200 色阶值作为孔隙（裂隙）结构和骨架（连续体）结构的衡量标准成为可能。此外，对比不同温度色阶像素的累积分布曲线，可以发现当温度越高时，样品位于 50 色阶以下的像素占比也随之增加，反映此时研究区域内 50 色阶及以下的色阶比例值越大。结合上一段的分析，可以得出此时煤体试件孔隙和裂隙结构所占比例越大的结论，这说明随着温度的升高，褐煤试件中也产生了孔隙和裂隙结构的演化。显然，这一现象对应着宏观状态下煤样渗透率的剧烈变化。

下面选取 50 及其附近色阶数在不同温度条件下的变化趋势为例说明孔隙和裂隙结构的演化规律图［图 4-4(b)～图 4-6(b)］。类似地，不同 CT 扫描剖面的色阶占比情况基本相同，即使在同一剖面中，50 及其以下各色阶的变化趋势也大致相近，均为 200℃以前，位于该色阶范围内像素的百分占比随温度的升高而逐渐增加；当温度超过 200℃时，50 及其以下各色阶的像素百分占比则与温度呈现负相关趋势，究其原因，可能是褐煤试件随温度的升高而产生整体膨胀变形的缘故。此处所涉及的样品膨胀包含外膨胀和内膨胀两种类型，其中向外膨胀指的是整体膨胀方向为沿煤体骨架方向向外延伸，而向内膨胀则说明整体膨胀沿孔隙一侧延伸。显然，当温度升高时，向外膨胀和向内膨胀现象同时发生，但究竟何种膨胀方式占优势则与当前的温度数值息息相关。介于常温与200℃之间时，温度的积蓄作用使褐煤煤样以向外膨胀为主，孔隙和裂隙结构也随着产生、扩展与贯通，试件的渗透率也随之增加。当温度超过200℃后，褐煤试件中向内膨胀占据优势，扩张的孔隙和裂隙结构反而遭到挤压，样品的渗透率随温度的升高而逐渐降低。

在上述分析过程中，三个剖面的色阶像素累积占比和温度变化趋势基本相同。需要说明的是，各剖面的像素总和仍存在一定的差异。统计三个剖面总像素的大小如图4-7所示，可知三者的总体像素值均呈现出先增加后降低的趋势，这从侧面验证了褐煤试件先整体向外膨胀后向内膨胀的假定。此外，三条曲线位于像素极大值点时的温度值不尽相同，这反映试验采用的褐煤试件内部各点因温度变化的膨胀并非完全同步，这是由煤体物理力学性质的不均匀性导致的。

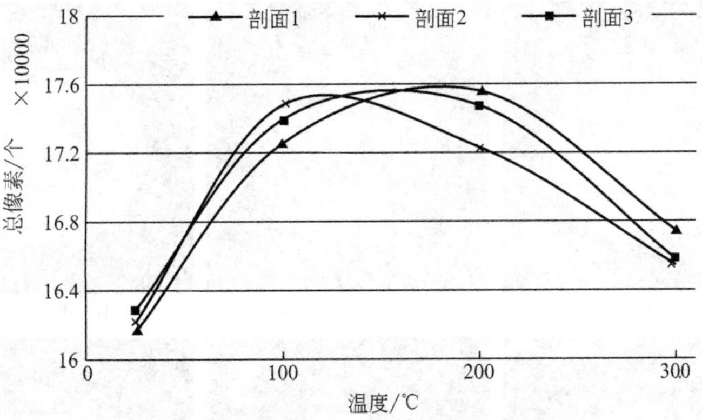

图4-7　随温度增加不同剖面像素总和变化图

4.1.4　瘦煤试样统计分析

与前述褐煤和无烟煤试件相类似，选取瘦煤试样的三个剖面进行CT扫描，将三个剖面随温度变化（常温、100℃、200℃、300℃）的图像列于图4-8。

从图4-8中可以看出，不同温度条件下瘦煤试件CT扫描图像与前述褐煤和无烟煤试件均存在一定差异。在常温～100℃下，煤样受温度的影响较小，几乎没有裂纹产生、扩展，100～200℃温度区间，煤样开始出现次生裂纹并且

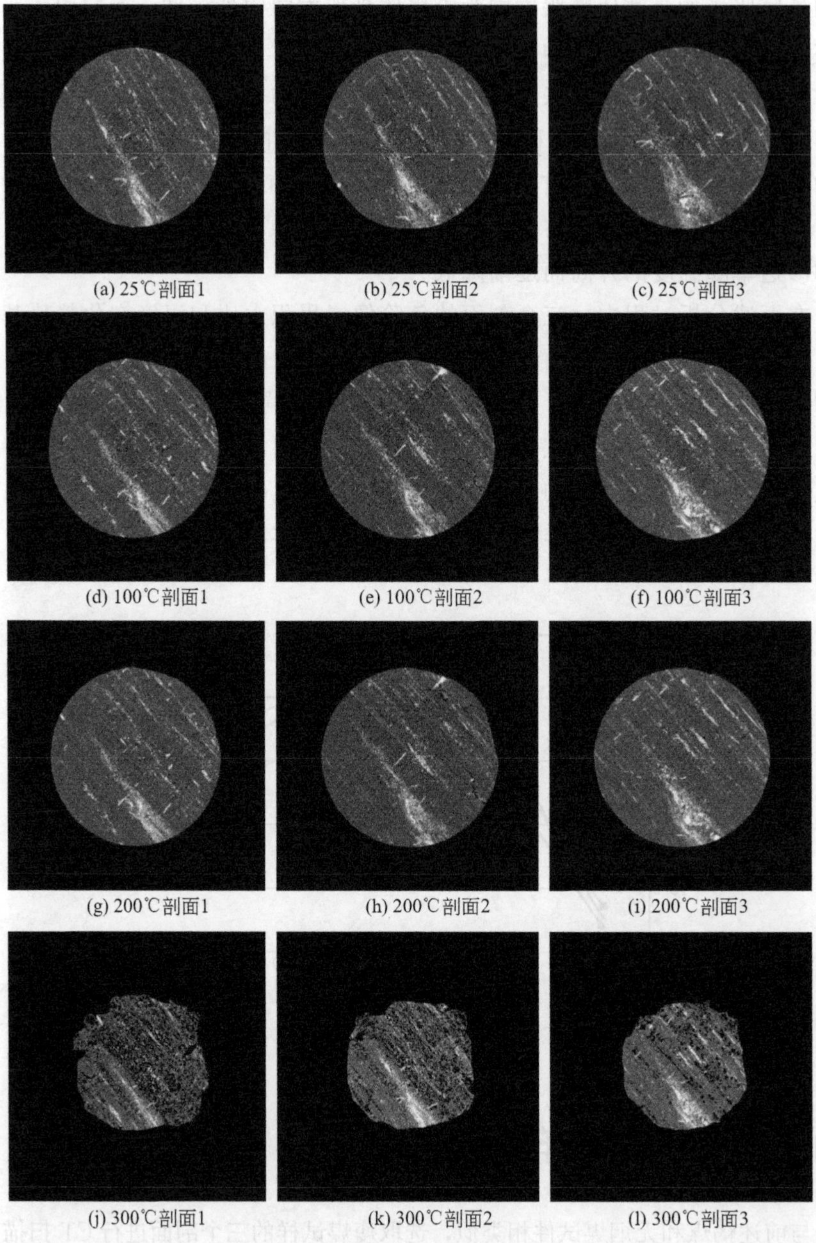

图 4-8　瘦煤 CT 扫描图像

有所扩展，200～300℃温度区间煤样外观形状变化非常大，内部新生孔隙也非常多。相应地，试件的渗透特性也存在着比较明显的增加。

类似地，利用与上节相同的方法，统计三个剖面各自的像素变化如图 4-9～

图 4-11 所示。

由图 4-9(a)～图 4-11(a) 的色阶像素累积占比趋势曲线中可以看出，与无烟煤试件和褐煤试件相比，瘦煤试件 300℃时的 0～255 色阶像素累积曲线离散性更大，这一结论在图 4-8 的 CT 扫描图像中得到了直观的印证。

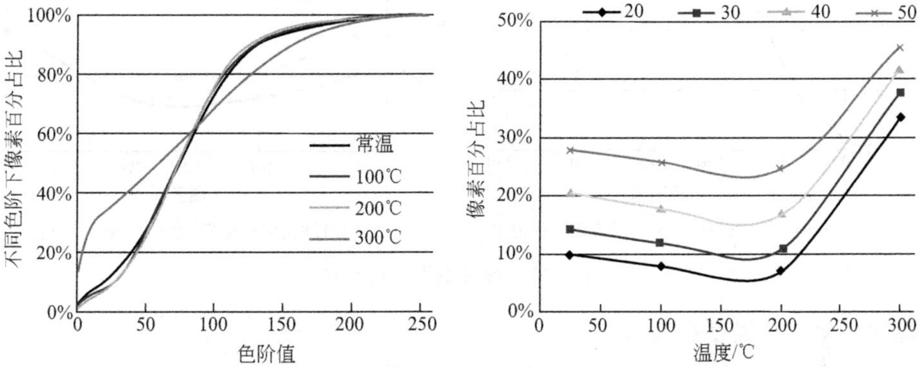

(a) 不同温度下0～255色阶像素累积占比　　(b) 随温度变化特定色阶下像素占比

图 4-9　瘦煤剖面 1 统计图

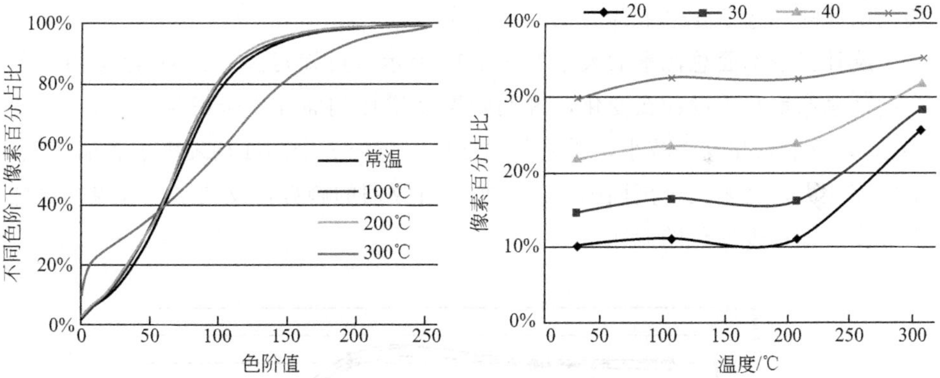

(a) 不同温度下0～255色阶像素累积占比　　(b) 随温度变化特定色阶下像素占比

图 4-10　瘦煤剖面 2 统计图

为便于对比和分析，仍选择 50 及其附近色阶作为重点考察对象，列举 20、30、40 和 50 色阶像素占比情况如图 4-9(b)～图 4-11(b) 所示。可以看出，与褐煤试件和无烟煤试件不同，各色阶像素占比曲线整体呈现先降低后增加的趋势。在 20 色阶以下像素变化缓慢，随后逐级色阶像素累积百分比斜率几乎不变，上升至 150 色阶开始变得平稳，300℃图像变化比较剧烈，说明该温度附近，图像孔隙裂隙发生了很大的变化，图像 50 色阶以下代表的孔隙裂

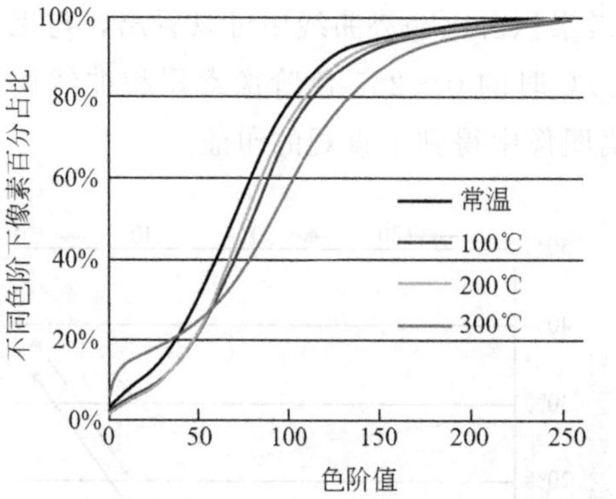

(a) 不同温度下0～255色阶像素累积占比

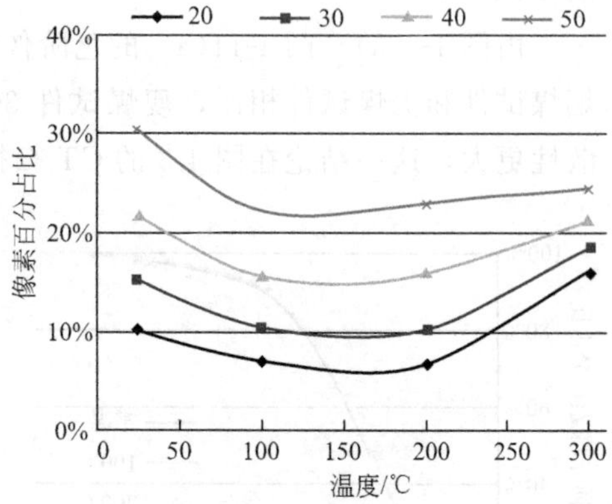

(b) 随温度变化特定色阶下像素百分占比

图 4-11　瘦煤剖面 3 统计图

隙比其他三个温度点都大。

结合前文关于色阶变化与煤体试件膨胀之间的关系，可知当温度低于 200℃时，温度的积蓄作用使褐煤煤样以向内膨胀为主，孔隙和裂隙结构遭到挤压，样品的渗透率逐渐增加。当温度超过 200℃后，试件中向内膨胀占据优势，试件的渗透率随之上升。

统计三个剖面总像素的大小如图 4-12 所示。可知常温～200℃范围内，三个剖面总像素几乎没什么变化，说明随温度增加剖面几乎未发生形变，200～300℃，像素总和急剧减小，说明此温度段，煤样三个剖面均发生了收缩效应，形状变化大，代表三个剖面随温度增加均有收缩的趋势，反映了该种煤样试样整体变形随温度变化的规律。

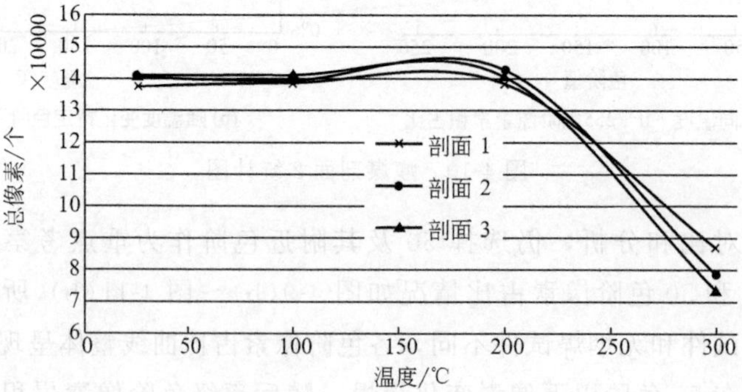

图 4-12　随温度增加不同剖面像素总和变化图

4.1.5 无烟煤试样统计分析

选取试样的三个剖面进行 CT 扫描，将三个剖面随温度变化（常温、100℃、200℃、300℃）的图像列于图 4-13。

统计三个剖面各自的像素变化如图 4-14～图 4-16 所示。

从图 4-13 中可以看出，与 4.1.3 节褐煤试样的 CT 扫描图像（图 4-4）相比，无烟煤样品受温度变化影响时产生的裂隙和孔隙较少，尤其是在常温～100℃下，煤样受温度的影响较小，几乎没有裂纹产生与扩展，在 100～300℃温度区间时，煤样才开始出现次生裂纹并有所扩展。

类似地，利用与上节相同的方法，统计三个剖面各自的像素变化如图 4-14～图 4-16 所示。由图 4-14(a)～图 4-16(a) 的色阶像素累积占比趋势曲线中可以看出，无烟煤试件和褐煤试件体现出了基本相同的变化规律，即当温度越高时，样品位于 50 色阶以下的像素占比也随之增加，说明此时煤体试件孔隙和裂隙结构所占比例越大，宏观状态下煤样渗透率也随之提高。需要指出的是，无烟煤试件和褐煤试件的温度变化规律仍存在着一定差异，主要体现在两点：①在褐煤试件中，不同温度下 0～255 色阶像素累积占比曲线在 50 色阶附近存在比较明显的转折，这也是对该试件分析中选择 50 色阶作为阈值条件的关键因素之一，但这一拐点在无烟煤试件中体现得不甚明显；②与褐煤试件相比，无烟煤试件不同温度下 0～255 色阶像素累积占比图存在一定的离散，具体表现为在大多数情况下，300℃时的 0～255 色阶像素累积曲线相比其他几条曲线值略低，其最高曲线为 200℃温度曲线，这表明 200℃温度附近试样孔隙变化比较明显。

尽管无烟煤试件和褐煤试件存在上述两点不同，仍选择 50 及其附近色阶作为重点考察对象，列举 20、30、40 和 50 色阶像素占比情况如图 4-14(b)～图 4-16(b) 所示。可以看出，与褐煤试件有所不同，无烟煤试件的随温度变化特定色阶下像素占比图更为复杂，这一点在图 4-14(b) 中体现得更为显著，具体表现为随温度增加特定色阶下像素百分占比呈现波动变化。此外，与图 4-14(b) 和图 4-16(b) 不同，图 4-15(b) 中各曲线的峰值点并非 200℃。这表明与褐煤试件相比，具体较高成煤程度的无烟煤煤质具有更高的不均质性。

然而，无烟煤试件图 4-14(b)～图 4-16(b) 中特定色阶（20、30、40、50）下其像素总和的占比变化曲线仍表现出与褐煤试件相近的变化规律，即均为当温度相对较低时，不同色阶的像素百分占比随温度的升高而逐渐增加；当

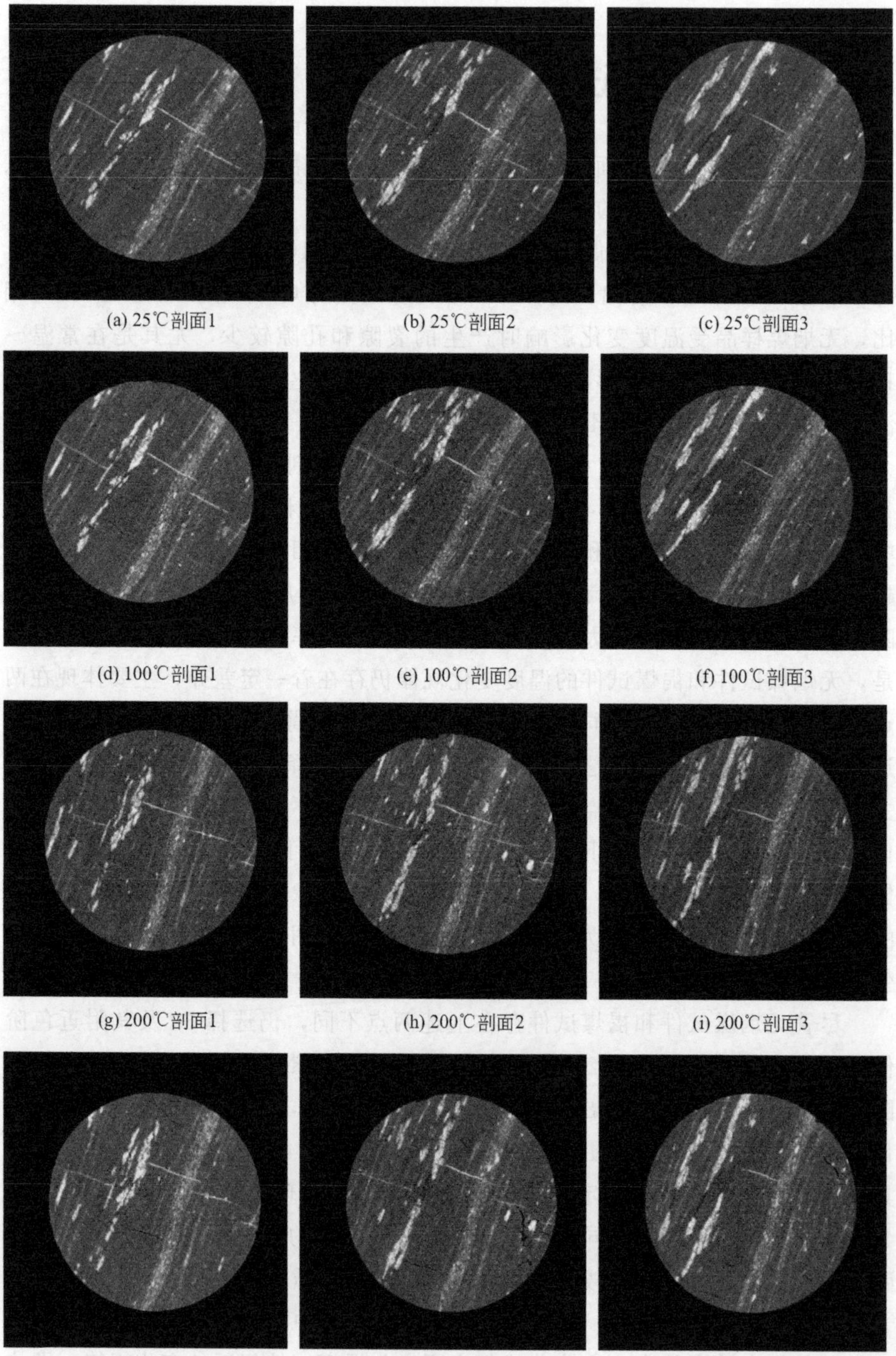

(a) 25℃剖面1　(b) 25℃剖面2　(c) 25℃剖面3

(d) 100℃剖面1　(e) 100℃剖面2　(f) 100℃剖面3

(g) 200℃剖面1　(h) 200℃剖面2　(i) 200℃剖面3

(j) 300℃剖面1　(k) 300℃剖面2　(l) 300℃剖面3

图 4-13　无烟煤 CT 扫描图像

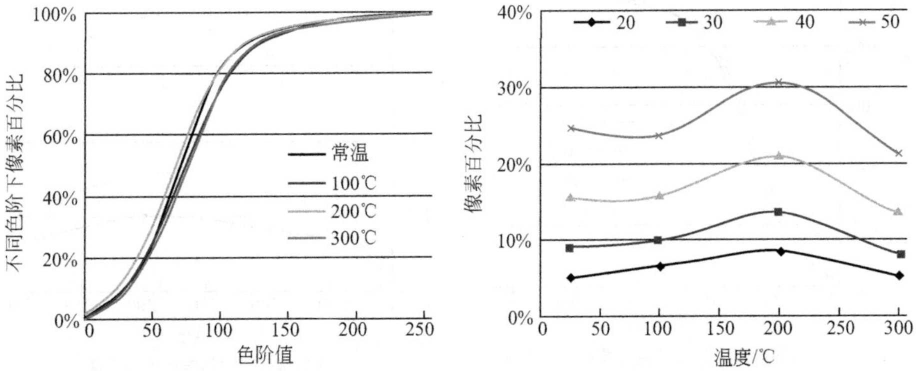

(a) 不同温度下0～255色阶像素累积占比　　(b) 随温度变化特定色阶下像素占比

图 4-14　无烟煤剖面 1 统计图

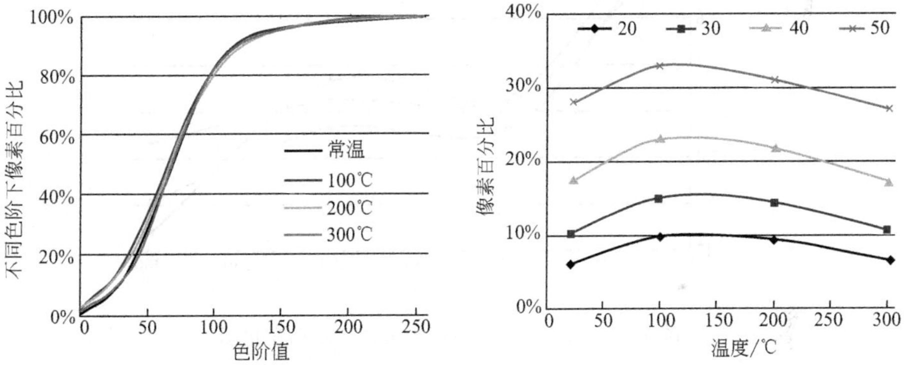

(a) 不同温度下0～255色阶像素累积占比　　(b) 随温度变化特定色阶下像素占比

图 4-15　无烟煤试样剖面 2 统计图

温度超过一定值时，50 及其以下各色阶的像素百分占比则与温度呈现负相关趋势。这说明关于褐煤试件所得出外向膨胀和内向膨胀的结论对无烟煤试件同样适用。

统计三个剖面总像素的大小如图 4-17 所示。可知常温～300℃范围内，三个剖面总像素均在减小，代表三个剖面随温度增加均有收缩的趋势，在 100～200℃温度区间，剖面像素有细微的抬升，即在这一温度区间剖面面积有细微的增大，这些现象同样也反映了试样变形随温度变化的规律。显然，这一现象和褐煤试件存在明显不同，除两者镜质组差异之外，尚需考量所选取试件原始孔隙率及力学物理性质等其他因素的影响。

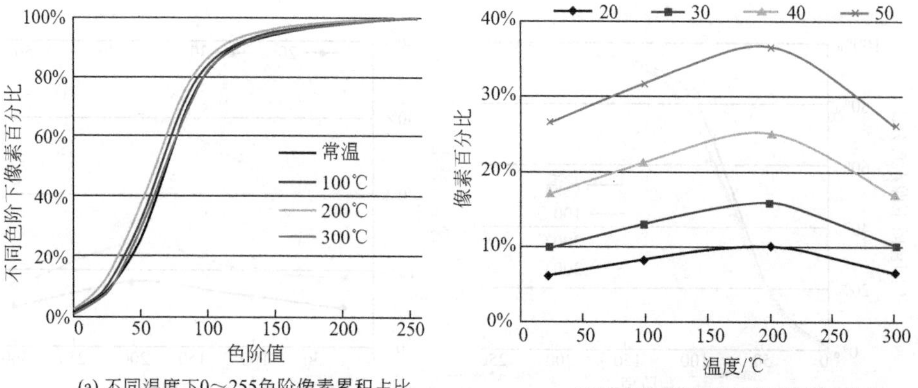

(a) 不同温度下0～255色阶像素累积占比

(b) 随温度变化特定色阶下像素占比

图 4-16　无烟煤剖面 3 统计图

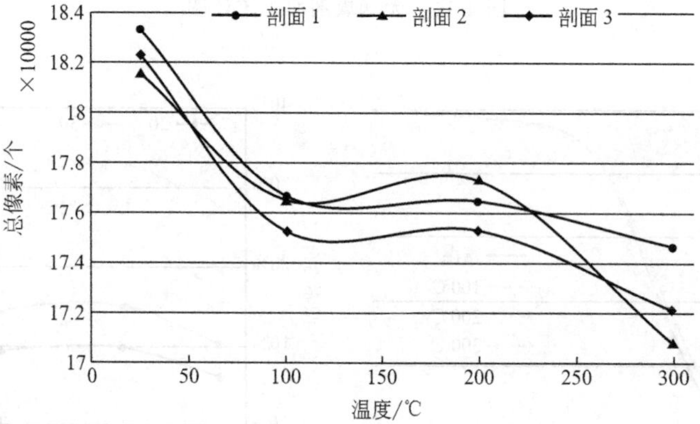

图 4-17　随温度增加不同剖面像素总和变化图

4.2　随温度作用煤岩 CT 扫描特征孔隙团大小变化分析

4.2.1　分析原理

CT 图像灰度化处理后，用 ImageJ 图形处理软件将 0 色阶范围内的图像摘录出来，分析其像素变化能够直观反映其面积大小的变化情况。

以褐煤为例，图 4-18 为褐煤试样原始 CT 图片处理后的图像，试样图像

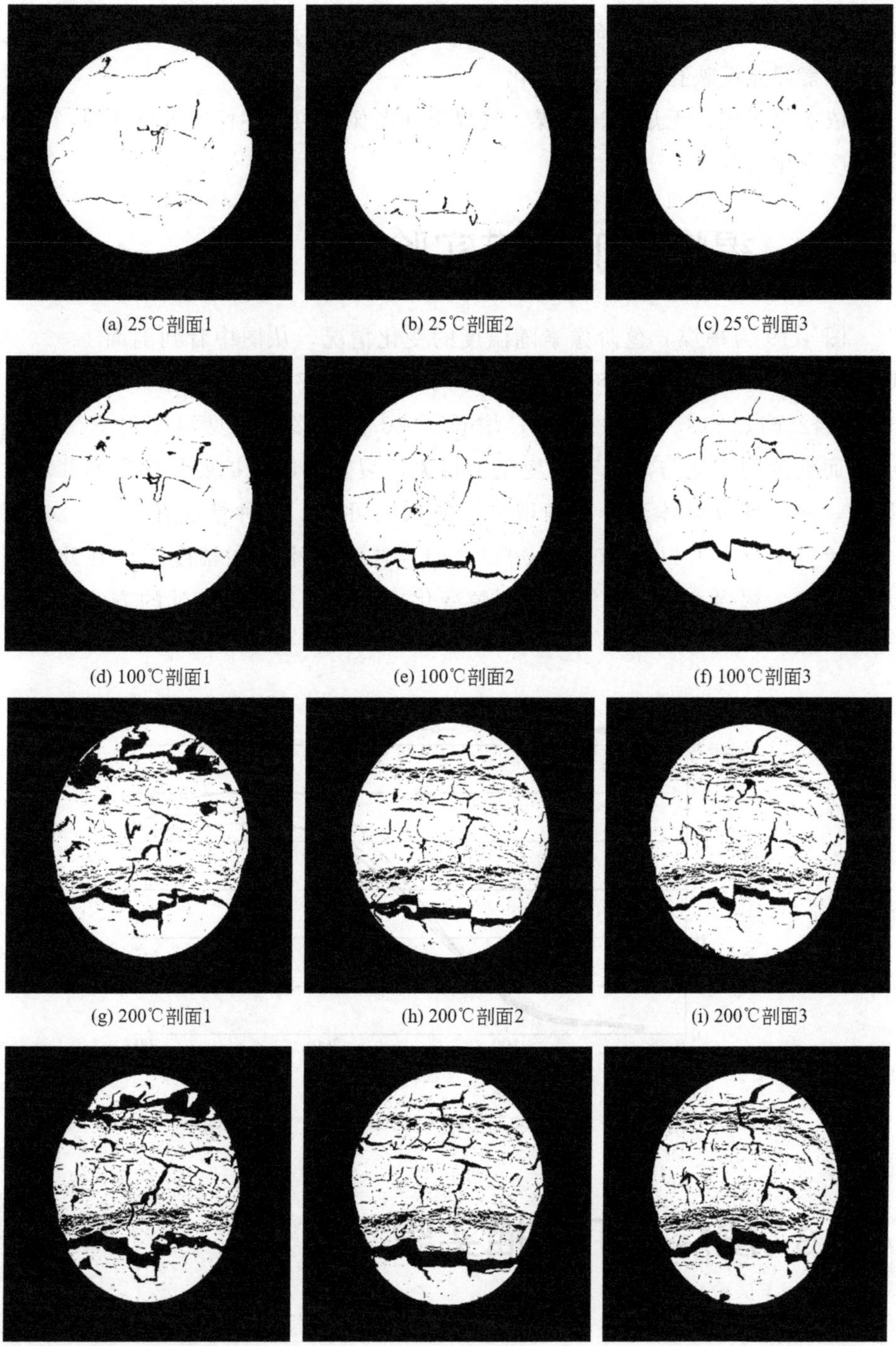

(a) 25℃剖面1　(b) 25℃剖面2　(c) 25℃剖面3

(d) 100℃剖面1　(e) 100℃剖面2　(f) 100℃剖面3

(g) 200℃剖面1　(h) 200℃剖面2　(i) 200℃剖面3

(j) 300℃剖面1　(k) 300℃剖面2　(l) 300℃剖面3

图 4-18　褐煤试样 0 色阶区域图像

中 0 色阶为摘录指标，其余部分均是背景，全部定为 255 色阶，这样计数 0 色阶的像素即能反映孔隙的尺度变化。

依次对褐煤、无烟煤、瘦煤、气煤煤样图像按照上述标准进行处理，分析随温度变化的规律。

4.2.2 褐煤 CT 扫描实验

图 4-19 为褐煤 0 色阶像素随温度的变化情况，从图中看到剖面 1、2、3 原、新生裂隙像素个数分别由常温下的 7154、4160、7492 增加到了 300℃时的 242561、213543、228129，增长了 30 倍之多，可见温度对其影响程度。而裂隙的变化与渗透率的变化正相关，裂隙形成、扩展及连通归并成大裂隙，必然导致煤体渗透率的增加，而从图可知，这种情况在 200～300℃表现十分明显，所以在 200～300℃之间煤体渗透率增加幅度应该在几十到几百万倍。褐煤 0 色阶下的孔隙裂隙变化规律和前述通过统计的方法得到的规律一致。

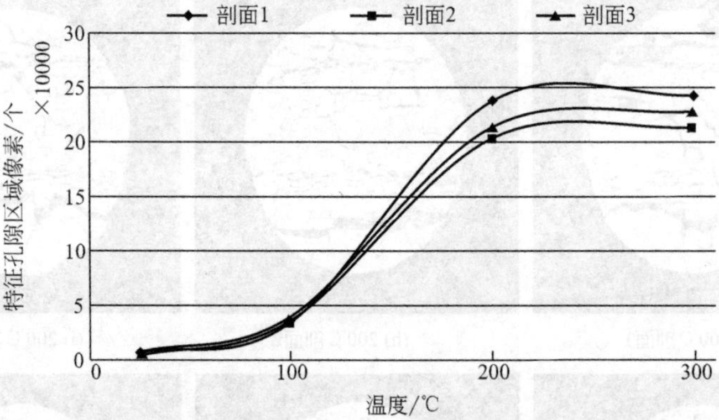

图 4-19　褐煤特征孔隙区域像素随温度变化曲线

4.2.3 瘦煤 CT 扫描实验

类似地，对瘦煤试样进行 0 色阶分析，并将其区域图像汇总如图 4-20 所示。

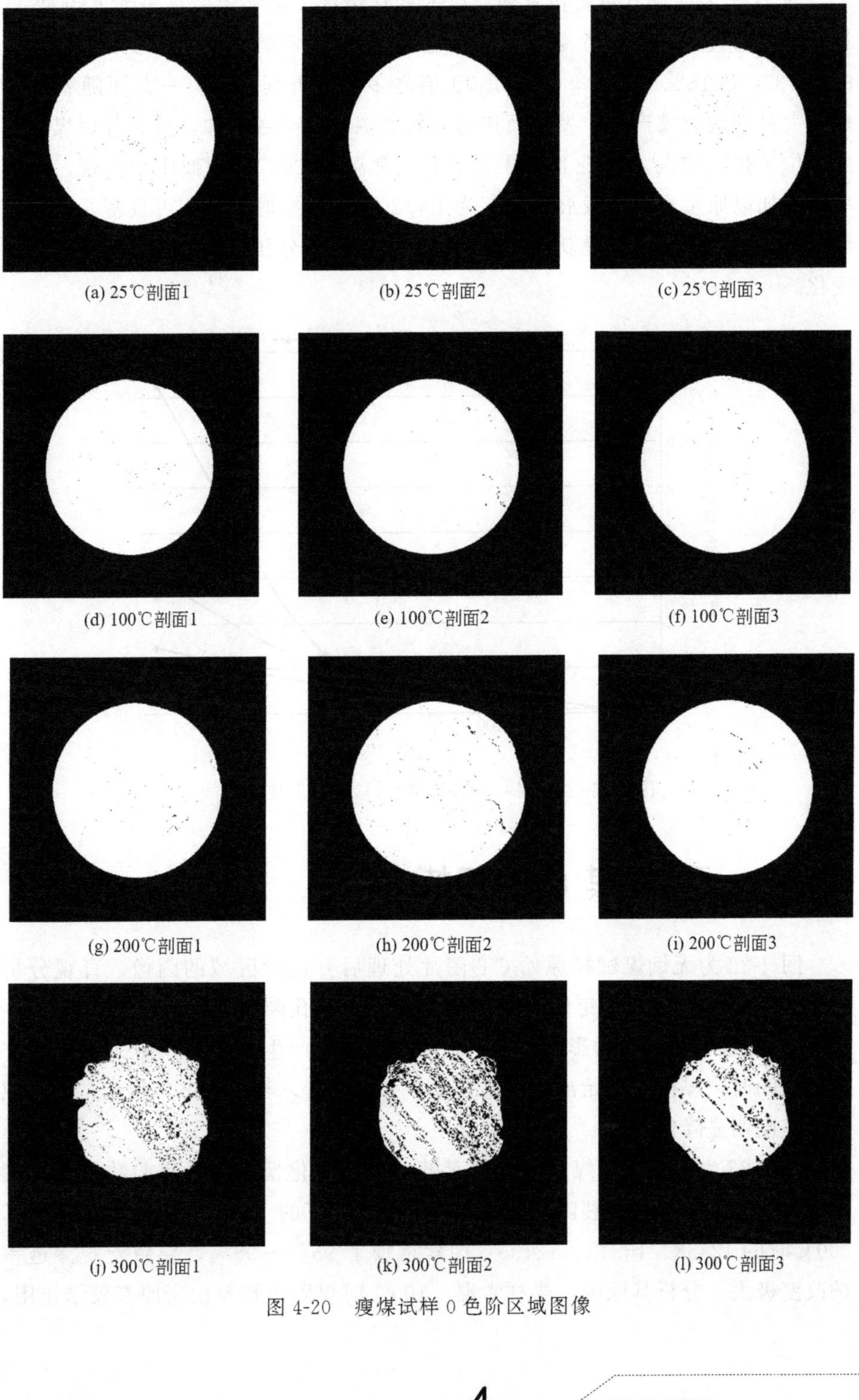

(a) 25℃剖面1　(b) 25℃剖面2　(c) 25℃剖面3

(d) 100℃剖面1　(e) 100℃剖面2　(f) 100℃剖面3

(g) 200℃剖面1　(h) 200℃剖面2　(i) 200℃剖面3

(j) 300℃剖面1　(k) 300℃剖面2　(l) 300℃剖面3

图 4-20　瘦煤试样 0 色阶区域图像

图 4-21 为瘦煤 0 色阶像素随温度的变化情况，从实验数据来看其剖面 1、2、3 原、新生裂隙像素个数分别由常温下的 534、245、968 增加到了 300℃时的 14783、30182、72731，增加了 50 倍之多，分析其原因，一方面随着温度增加大量的微裂纹产生、发育及连通导致裂隙像素个数增加，另一方面煤体孔隙原位扩张、增大。从图 4-20 中也能看到常温、100℃下图像比较致密，渗透率的增加以原生裂隙的发展、扩充为主，200～300℃时图像不再致密，中间有许多间杂的黑点，这就是新生的孔隙裂隙，表明部分孔隙发生了扩张、增大的变化。

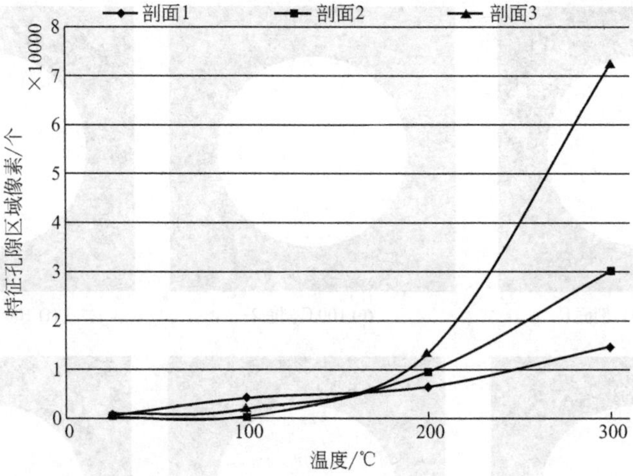

图 4-21 瘦煤特征孔隙区域像素随温度变化曲线

4.2.4 无烟煤 CT 扫描实验

图 4-22 为无烟煤试样原始 CT 图片处理后 0 色阶区域的图像，直观分析可知无烟煤样品在温度变化影响时产生的裂隙和孔隙较少，尤其是在常温～100℃下，煤样受温度的影响较小，几乎没有裂纹产生与扩展。在 100～300℃温度区间时，煤样才开始出现次生裂纹并有所扩展，与褐煤试件相比，其裂隙演化程度明显降低。

图 4-23 为低值无烟煤 0 色阶像素随温度的变化情况，从实验数据来看其剖面 1、2、3 原、新生裂隙像素个数分别由常温下的 134、606、254 增加到了 300℃时的 12438、16842、12135。像素增加了 95%～98%，导致宏观渗透率的改变极大。分析其原因，煤样常温～100℃时煤固体颗粒由于原有胶结作用，

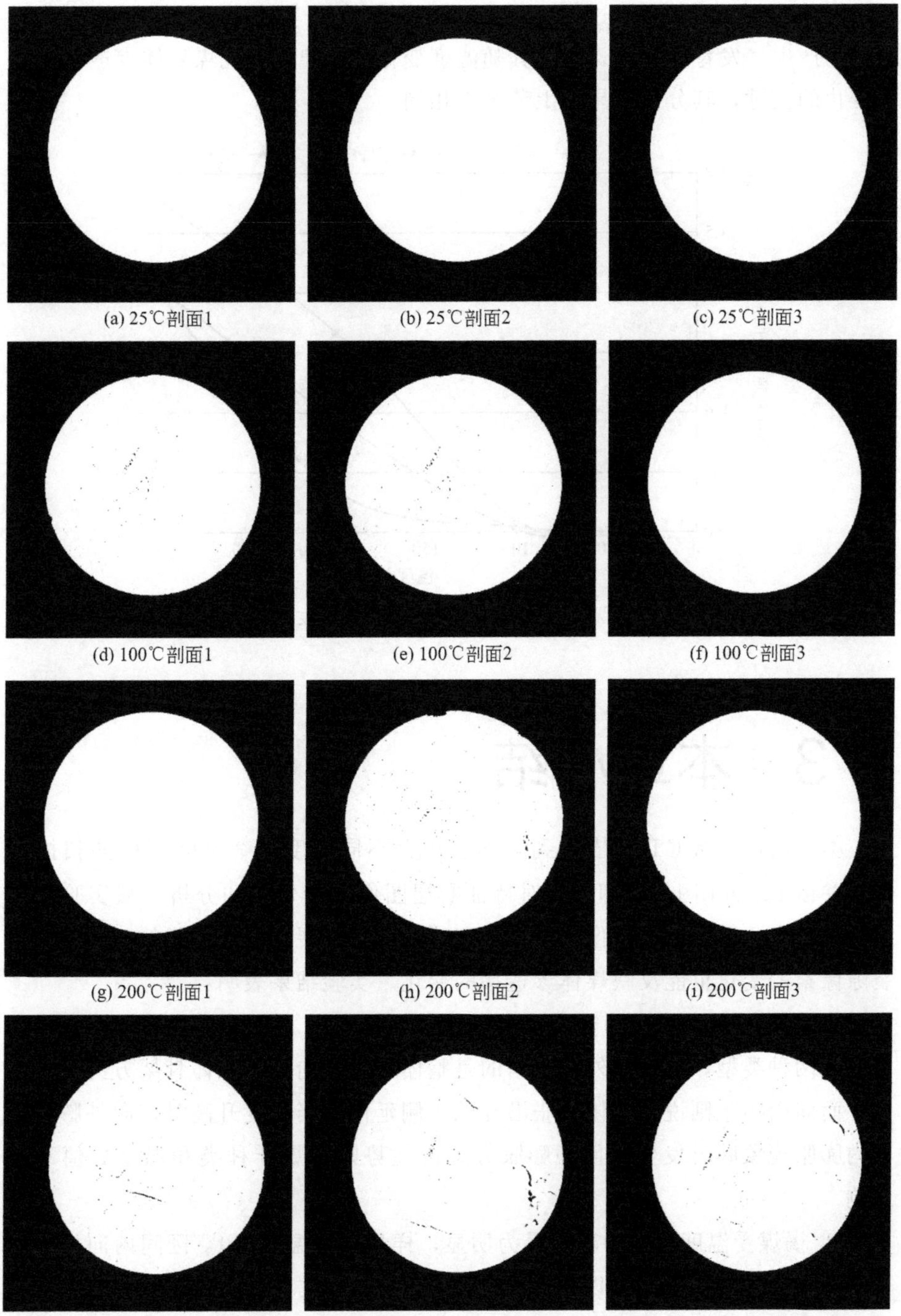

(a) 25℃剖面1　(b) 25℃剖面2　(c) 25℃剖面3

(d) 100℃剖面1　(e) 100℃剖面2　(f) 100℃剖面3

(g) 200℃剖面1　(h) 200℃剖面2　(i) 200℃剖面3

(j) 300℃剖面1　(k) 300℃剖面2　(l) 300℃剖面3

图 4-22　无烟煤试样 0 色阶区域图像

孔隙裂隙变化不明显，经过100℃之后，温度破坏了其内部的胶结结构，导致裂纹的产生、发育、扩展，研究其随温度变化的规律是研究煤岩体渗透率随温度变化的关键，其分析结果与上节基本相同。

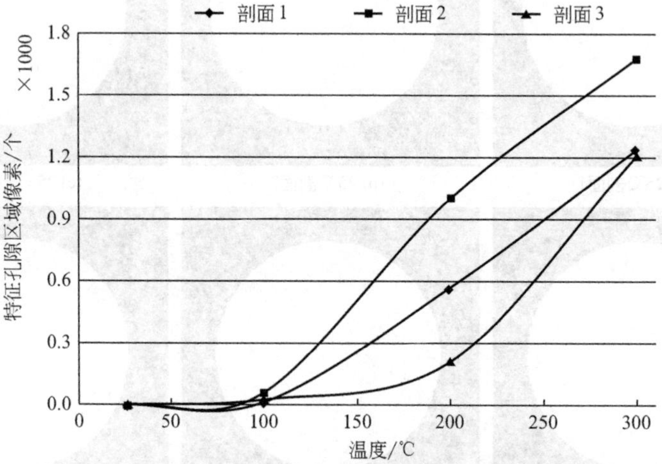

图 4-23　无烟煤特征孔隙区域像素随温度变化曲线

4.3　本章小结

本章通过显微 CT 扫描得到不同煤样在不同温度下 3 个断层处的扫描图像，并以 ImageJ 图像处理软件对特征断层图像进行处理和分析，从实验结果来看，依靠色阶像素和 0 像素来表征孔隙和裂隙发展变化是可行的，同时孔隙裂隙像素的变化也能反映煤体渗透率的变化。实验结果表明：

① 煤体试件随温度的升高将产生整体膨胀变形。样品膨胀分为外膨胀和内膨胀两种类型，其中向外膨胀指的是整体膨胀方向为沿煤体骨架方向向外延伸，而向内膨胀则说明整体膨胀沿孔隙一侧延伸。当温度升高时，向外膨胀和向内膨胀现象同时发生，何种膨胀方式占优势则受煤样种类和温度数值双重影响。

② 褐煤受温度因素的变化最为明显，样品在常温～200℃区间内向外膨胀占优势，200～300℃时则以向内膨胀为主，此时裂隙占比降低了近 5%；瘦煤由于相对煤阶较高，其试样膨胀的温度变化初始点为 200℃，即样品在常温～200℃区间仅产生小幅裂隙演化，温度超过 200℃后试件中向外膨胀占据优

势，部分截面裂隙像素占比增加30%，试件的渗透率也随之上升；无烟煤煤阶最高，裂隙演化受温度变化影响也最小，仅在300℃时产生了微小裂隙，其各色阶像素占比变化幅度不超过3%。

③ 0色阶像素分析的结果与CT扫描色阶像素基本相同，说明依靠色阶像素和0像素来表征孔隙和裂隙发展变化是可行的。从常温～300℃，褐煤新生裂隙像素个数增长了30倍，瘦煤增加了50多倍，而无烟煤仅增加96.5%，说明温度升高不仅可促进新裂隙的产生，同时可导致原生裂隙的发展与扩张，同时煤阶越低，煤体裂隙演化对温度的敏感性越高。此外，裂隙演化也受试件原始物理力学性质的干扰与影响。

④ 煤体试件三个剖面的色阶像素占比变化趋势存在一定差异，三条曲线位于像素极大值点时的温度值也不尽相同，从而说明煤体试件内部各点随温度变化的膨胀并非完全同步，样品的物理力学性质呈现非均质性。

参考文献

[1] Gan H, Nandi S P, Lwalker P. Nature of the porosity in American coals [J]. Fuel, 1972, 51 (6) 272-277.

[2] 郝琦.煤的显微孔隙形态特征及其成因探讨 [J].煤炭学报，1987，12 (4)：51-57.

[3] 张慧.煤孔隙的成因类型及其应用 [J].煤炭学报，2001，26 (1)：40-44.

[4] 阎纪伟，要惠芳，李伟，等.μCT技术研究煤的孔隙结构和分形特征 [J].中国矿业，2015，24 (6)：151-156.

[5] 张晓辉，康志勤，要惠芳，等.基于CT技术的不同煤体结构煤的孔隙结构分析 [J].煤矿安全，2014，45 (8)：203-206.

[6] 王刚，杨鑫祥，张孝强，等.基于CT三维重建与逆向工程技术的煤体数字模型的建立 [J].岩土力学，2015，36 (11)：3322-3328+3344.

[7] 于艳梅，胡耀青，梁卫国，等.应用CT技术研究瘦煤在不同温度下孔隙变化特征 [J].地球物理学报，2012，55 (2)：637-644.

[8] 于艳梅，胡耀青，梁卫国，等.瘦煤热破裂规律显微CT实验 [J].煤炭学报，2010，35 (10)：1696-1700.

[9] 宋晓夏，唐跃刚，李伟，等.基于显微CT的构造煤渗流孔精细表征 [J].煤炭学报，2013，38 (03)：435-440.

第5章

注热强化瓦斯抽采的固流热耦合数学模型

煤岩体的物理特性是从事煤岩体相关工程技术开发的决定因素，将其视做一类特殊的多孔介质，其内部温度场、变形场、渗流场之间相互作用的关系是研究的关键，即多孔介质热流固耦合问题，这是一类普遍的工程及物理问题，20 世纪中叶以来，这一领域的研究长盛不衰，是核废料处置、地热开发、页岩气开采、稠油热采诸多新型资源开采的技术理论基础。

注热强化瓦斯抽采的理论核心即多孔介质热流固耦合理论，其研究的关键即煤体骨架应力场、温度场、瓦斯渗流场与瓦斯吸附解吸过程之间相互作用及制约的复杂关系。首先，由于压裂，煤体-围岩系统所受的总的作用力改变，从而导致作用于煤岩体固体骨架所受的有效应力发生了变化，引起煤岩体应力重新分布，这会导致煤体骨架孔隙体积改变，使瓦斯压力场改变进而影响瓦斯的渗流过程。其次，注热会改变局部瓦斯吸附解吸平衡，使得瓦斯解吸，这一过程也会增加瓦斯的局部压力，并且改变煤体骨架的物理力学性质，引起固体应力场的变化。最后，长时间高温水的作用，会在煤体局部产生热破裂现象，产生大量的裂纹，从而改变煤体的力学特性；热量会引起流体的黏度改变，从而导致渗透系数变化，对瓦斯的渗流过程产生影响。

总之，对煤体进行压裂-注热强排瓦斯的过程进行数值研究，必须研究煤体应力场、水和瓦斯渗流场以及对流传热温度场的耦合作用机理，涉及场之间的物理作用过程，也涉及瓦斯气体的吸附解吸物理化学过程。需要建立一个严谨的数学模型来进行科学的模拟，该模型包含各种反映耦合作用规律的控制方程、各物理场演化的控制方程、源汇项以及初边值条件的处理等。

5.1 固流热耦合数学模型建立

5.1.1 注热强化煤层瓦斯开采机理分析

注热强化瓦斯抽采是一个典型的固-流-热耦合问题，耦合因素主要表现在以下四个方面：

① 当高温度高压力水在含瓦斯煤层中渗流时，其携带的热量在大的孔隙中主要以强制对流的方式使煤体加热，在煤体骨架内部以传导的方式加热煤体。在固体骨架与孔隙过渡区域二者同时作用，这一部分区域属于对流传热与传导传热的过渡区域，含瓦斯煤体多以固体颗粒的形态聚集而成，对流与传导

过程在这一区域作用强烈，同时，这一区域也是温度场树状分布的分支点，对温度场的重新分布起着至关重要的作用。另一方面，高压水通过孔隙压的作用，使煤体发生变形与破裂，这必然引起地层应力场的变化。

② 含瓦斯煤层温度场的改变，使煤体内部的孔隙、裂隙结构发生显著变化，改变了地层的孔隙率和渗透率，在线加热煤系地层各岩样及不同煤阶煤样，发现孔隙裂隙变化存在“喉道”孔隙，即在加热的过程中，一定尺度的孔隙变化对煤层的渗透率起着主导作用，这一部分孔隙往往发育在大孔与固体骨架的交界，受温度变化影响巨大，温度改变前后纯孔隙（大孔，其间不杂含任何的固体骨架、颗粒等）的几何尺寸几乎不发生变化，而“喉道”孔隙尺度变化明显，这也直观解释了温度影响煤岩体渗透率的细观机理。

同时，煤体温度场的改变，还造成流体密度、动力黏度等参数的变化，直接影响了流体渗流场的分布；另一方面，温度变化使岩体中产生附加热应力，同时煤体的密度、弹性模量、比热容都是温度的函数，因此温度变化将导致应力场重新分布。

③ 最为关键的是，煤体温度场的改变，使得瓦斯的吸附与解吸平衡朝着解吸的方向发展，在单位孔隙中，游离的瓦斯量增加，如果这一局部渗透系数很小，升高的瓦斯压力势必改变渗流的压力梯度，导致渗透率变化剧烈。

同时，在相邻的低孔隙压区域，如果温度场改变不大，其他区域渗流至该区域的瓦斯将使得该区域瓦斯压力升高，根据朗格缪尔吸附理论，这将导致瓦斯吸附量增加，反而不利于瓦斯的解吸。

④ 煤体应力场的变化，改变了裂隙和孔隙的张开度，影响了地层的孔隙率和渗透率，导致渗流场发生改变。

5.1.2 基本假设

注热强化煤层瓦斯的抽采，不但涉及煤与瓦斯的吸附解吸、热量的对流传递、固体应力场的变化等过程，还涉及透气系数、吸附常数等煤体物理参数的变化。为了使模型能够更加贴切地反映这些物理规律，设定以下基本假设。

① 随温度升高，吸附态瓦斯瞬间解吸。

② 瓦斯与水气液流体和煤体固体骨架瞬间达到局部热平衡。

③ 煤体中的瓦斯以游离和吸附两种相态赋存，其中，游离相瓦斯可视为理想气体，含量为：

$$q_{游离}=n\rho=n\frac{pM}{RT}\qquad(\mathrm{kg/m^3})\tag{5-1}$$

吸附瓦斯含量随温度的变化规律服从朗格缪尔吸附方程，含量计算如式(5-2)：

$$q_{吸附}=\frac{abp}{1+bP}\rho_0\qquad(\mathrm{kg/m^3})\tag{5-2}$$

式中　a，b——吸附系数。

吸附系数 a、b 受温度的作用服从指数变化的规律，如式（5-3）所示：

$$a=a_0\mathrm{e}^{-\alpha t};b=b_0\mathrm{e}^{-\beta t}\tag{5-3}$$

式中　α，β——吸附系数 a、b 值随温度变化的衰减系数；

a_0，b_0——常温常压下的饱和吸附系数。

则煤体中总的瓦斯含量如式（5-4）：

$$C=q_{游离}+q_{吸附}=n\frac{pM}{RT}+\frac{abp}{1+bP}\rho_0\tag{5-4}$$

式中　C——煤的吸附与游离瓦斯总含量，$\mathrm{kg/m^3}$。

④ 煤体吸附瓦斯引起的体积应变符合指数规律，如式（5-5）：

$$\varepsilon=\varepsilon_0(\mathrm{e}^{\gamma C}-1)\tag{5-5}$$

式中　ε——煤体在不同瓦斯含量下的体积应变；

ε_0——拟合常数；

C——煤体瓦斯含量；

γ——煤体体积应变与瓦斯含量呈指数关系变化的系数。

⑤ 瓦斯和水在煤层中的渗流规律，在微段压力梯度上符合线性达西定律，如式（5-6）：

$$\Delta q_i=K_{ij}\Delta p_{,j}\tag{5-6}$$

整个区间符合式（5-7）

$$q_i=K_{ij}p_{,j}\tag{5-7}$$

且 $K_{ij}=K(\Theta,p)$，即透气系数 K 是应力与孔隙压的函数，如式（5-8）所示。

$$K=K_0p^{-\eta}\exp[-b(\Theta-3\alpha p)]\tag{5-8}$$

⑥ 水与瓦斯在整个渗流场内压力始终协调一致，即气液界面处不考虑表

面张力的影响，瓦斯压力与水的压力相同，则有：

$$P_g = P_w \tag{5-9}$$

式中　P_w——水的压力，MPa；

P_g——瓦斯的压力，MPa。

⑦ 煤体孔隙裂隙被瓦斯和水所饱和。瓦斯与水的饱和度分别为 S_g 和 S_w，则：

$$S_g + S_w = 1 \tag{5-10}$$

⑧ 煤岩体处于弹性变形阶段，遵守广义虎克定律，即：

$$\sigma_{ij} = \lambda\delta_{ij} e + 2\mu\varepsilon_{ij} \tag{5-11}$$

式中　σ_{ij}——应力张量；

e——体积变形；

ε_{ij}——体积应变；

λ，μ——拉梅常数；

δ——Kronecker 符号，$\delta_{ij}\begin{cases}1(i=j)\\0(i\neq j)\end{cases}$。

⑨ 考虑吸附态瓦斯和孔隙压对固体变形的影响，有效应力规律为：

$$\sigma'_{ij} = \sigma_{ij} - \alpha_1 P\delta_{ij} - wC\delta_{ij} \tag{5-12}$$

式中　σ_{ij}，σ'_{ij}——应力张量；

P——瓦斯孔隙压，MPa；

α_1——Biot 系数，由实验获得；

w——吸附态瓦斯引起煤岩固体骨架应力变化系数；

C——煤岩体吸附瓦斯含量；

δ——Kronecker 符号，$\delta_{ij}\begin{cases}1(i=j)\\0(i\neq j)\end{cases}$。

⑩ 煤岩体的体积变形由煤岩体固体骨架的变形与孔隙、裂隙的变形两部分组成，即：

$$\alpha_b = (1-n)\alpha_s + n\alpha_P \tag{5-13}$$

式中　n——煤岩体孔隙率；

α_b——整体体积变形；

α_s——骨架体积变形；

α_P——孔隙变形。

设：$(1-n)\alpha_s \ll n\alpha_P$，故煤岩体的体积变形等于孔隙的变形。

5.1.3 瓦斯渗流方程

研究任一控制体积单元（表征体积单元 REV）的质量守恒，方程如式(5-14)：

$$\mathrm{div}(\rho_g q_{gi})=\frac{\partial C}{\partial t} \tag{5-14}$$

式中，$q_{gi}(i=x,y,z)$ 分别为 x、y、z 方向单位时间内气体的流量；ρ_g 为瓦斯气体的密度；t 为时间。

改写成分量形式，如式（5-15）所示：

$$\frac{\partial(\rho_g q_{gx})}{\partial x}+\frac{\partial(\rho_g q_{gy})}{\partial y}+\frac{\partial(\rho_g q_{gz})}{\partial z}=\frac{\partial C}{\partial t} \tag{5-15}$$

将达西定律式（5-7）、瓦斯含量方程式（5-4）代入式（5-15），则有式(5-16) 和式（5-17）：

$$\begin{aligned}\text{左边}&=\mathrm{div}(\rho q_i)\\&=\frac{\partial}{\partial x_i}\left(\rho_g\frac{k_{x_i}}{\mu_g}\frac{\partial P}{\partial x_i}\right)\\&=\sum_1^3\frac{\partial}{\partial x_i}\left(\frac{PM}{RT}\frac{k_{x_i}}{\mu_g}\frac{\partial P}{\partial x_i}\right)\\&=\sum_1^3\left(\frac{M}{2RT}\frac{\partial}{\partial x_i}\left(\frac{k_{x_i}}{\mu_g}\frac{\partial P^2}{\partial x_i}\right)+\frac{M}{2RT^2}\frac{k_{x_i}}{\mu_g}\frac{\partial P^2}{\partial x_i}\frac{\partial T}{\partial x_i}\right)\end{aligned} \tag{5-16}$$

$$\begin{aligned}\text{右边}&=\frac{\partial C}{\partial t}\\&=\frac{\partial}{\partial t}(q_{\text{游离}}+q_{\text{吸附}})\\&=\frac{\partial}{\partial t}\left(nS_g\frac{p_g M}{RT}+\frac{abP_g}{1+bP_g}\rho_0\right)\end{aligned} \tag{5-17}$$

其中：

$$\frac{\partial}{\partial t}\left(\frac{nS_g PM}{RT}\right)=\frac{S_g MP_g}{RT}\frac{\partial n}{\partial t}+\frac{S_g nM}{RT}\frac{\partial P_g}{\partial t}-\frac{S_g MnP_g}{RT^2}\frac{\partial T}{\partial t}+\frac{nP_g M}{RT}\frac{\partial S_g}{\partial T} \tag{5-18}$$

$$\frac{\partial}{\partial t}\left(\frac{abP_g}{1+bP_g}\frac{P_gM}{RT}\right)=\frac{\rho_0 bP_g}{1+bP_g}\frac{\partial a}{\partial t}+\frac{\rho_0 aP_g}{(1+bP_g)^2}\frac{\partial b}{\partial t}+\frac{\rho_0 ab}{(1+bP_g)^2}\frac{\partial P_g}{\partial t} \tag{5-19}$$

结合式（5-16）～式(5-19）得式（5-20)：

$$\begin{aligned}
&\sum_1^3\left(\frac{M}{2RT}\frac{\partial}{\partial x_i}\left(\frac{k_{x_i}}{\mu}\frac{\partial P_g{}^2}{\partial x_i}\right)+\frac{M}{2RT^2}\frac{k_{x_i}}{\mu}\frac{\partial P_g{}^2}{\partial x_i}\frac{\partial T}{\partial x_i}\right)\\
&=\frac{S_gMP_g}{RT}\frac{\partial n}{\partial t}+\frac{S_gnM}{RT}\frac{\partial P_g}{\partial t}-\frac{S_gMnP_g}{RT^2}\frac{\partial T}{\partial t}+\frac{nP_gM}{RT}\frac{\partial S_g}{\partial T}\\
&\quad+\frac{\rho_0 bP_g}{1+bP_g}\frac{\partial a}{\partial t}+\frac{\rho_0 aP_g}{(1+bP_g)^2}\frac{\partial b}{\partial t}+\frac{\rho_0 ab}{(1+bP_g)^2}\frac{\partial P_g}{\partial t}\\
&=\frac{S_gMP_g}{RT}\frac{\partial n}{\partial t}+\frac{nP_gM}{RT}\frac{\partial S_g}{\partial T}+\left[\frac{S_gnM}{RT}+\frac{\rho_0 ab}{(1+bP_g)^2}\right]\frac{\partial P_g}{\partial t}-\frac{S_gMnP_g}{RT^2}\frac{\partial T}{\partial t}\\
&\quad+\frac{\rho_0 bP_g}{1+bP_g}\frac{\partial a}{\partial t}+\frac{\rho_0 aP_g}{(1+bP_g)^2}\frac{\partial b}{\partial t}
\end{aligned} \tag{5-20}$$

式（5-20）即是考虑固体变形、温度作用、吸附参数变化等因素的瓦斯渗流方程。

式中 $\frac{\partial n}{\partial t}$——固体变形对渗流的影响项；

$\frac{\partial T}{\partial t}$——温度变化对渗流的影响项；

$\frac{\partial a}{\partial t}$，$\frac{\partial b}{\partial t}$——瓦斯吸附参数的变化对渗流的影响项；

$\frac{\partial P}{\partial t}$——不同时刻压力变化对瓦斯渗流的影响项。

吸附常数随温度的变化关系式如式（5-21)：

$$\begin{aligned}
\frac{\partial a}{\partial t}&=\frac{\partial a}{\partial T}\frac{\partial T}{\partial t}=a_0\alpha e^{-\alpha T}\frac{\partial T}{\partial t}\\
\frac{\partial b}{\partial t}&=\frac{\partial b}{\partial T}\frac{\partial T}{\partial t}=b_0\beta e^{-\beta T}\frac{\partial T}{\partial t}
\end{aligned} \tag{5-21}$$

若将其中的$\frac{\partial a}{\partial t}$、$\frac{\partial b}{\partial t}$用吸附常数 a_0 和 b_0 来替换，则有：

$$\sum_1^3\left(\frac{M}{2RT}\frac{\partial}{\partial x_i}\left(\frac{k_{x_i}}{\mu}\frac{\partial P_g{}^2}{\partial x_i}\right)+\frac{M}{2RT^2}\frac{k_{x_i}}{\mu}\frac{\partial P_g{}^2}{\partial x_i}\frac{\partial T}{\partial x_i}\right)$$

$$=\frac{S_g M P_g}{RT}\frac{\partial n}{\partial t}+\frac{nP_g M}{RT}\frac{\partial S_g}{\partial T}+\left[\frac{S_g nM}{RT}+\frac{\rho_0 a_0 b_0 \alpha\beta e^{-(\alpha+\beta)T}}{(1+bP_g)^2}\right]\frac{\partial P_g}{\partial t}$$
$$+\left[\frac{\rho_0 a_0 b_0 \alpha\beta e^{-(\alpha+\beta)T}P_g}{1+b_0 e^{-\beta T}P_g}+\frac{\rho_0 a_0 b_0 \alpha\beta e^{-(\alpha+\beta)T}P_g}{(1+b_0 e^{-\beta T}P_g)^2}-\frac{S_g M n P_g}{RT^2}\right]\frac{\partial T}{\partial t} \tag{5-22}$$

方程式（5-22）是将实际的吸附系数 a、b 随温度变化的关系式代入式（5-20）后，考虑变形、饱和度、渗流压力、温度作用等因素的瓦斯渗流方程。

对于特定的煤样，可以令：$M/R=l_1$，$\rho_0 a_0 b_0 \alpha\beta=l_2$

则方程进一步简化为式（5-23）：

$$\sum_1^3\left(\frac{l_1}{2T}\frac{\partial}{\partial x_i}\left(\frac{k_{x_i}}{\mu}\frac{\partial P_g{}^2}{\partial x_i}\right)+\frac{l_1}{2T^2}\frac{k_{x_i}}{\mu}\frac{\partial P_g{}^2}{\partial x_i}\frac{\partial T}{\partial x_i}\right)$$
$$=\frac{l_1 S_g P_g}{T}\frac{\partial n}{\partial t}+\frac{l_1 n P_g}{T}\frac{\partial S_g}{\partial T}+\left[\frac{l_1 S_g n}{T}+\frac{l_2 e^{-(\alpha+\beta)T}}{(1+b_0 e^{-\beta T}P_g)^2}\right]\frac{\partial P_g}{\partial t}$$
$$+\left[\frac{l_2 e^{-(\alpha+\beta)T}P_g}{1+b_0 e^{-\beta T}P_g}+\frac{l_2 e^{-(\alpha+\beta)T}P_g}{(1+b_0 e^{-\beta T}P_g)^2}-\frac{l_1 S_g n P_g}{T^2}\right]\frac{\partial T}{\partial t} \tag{5-23}$$

5.1.4 水渗流控制方程

含瓦斯煤体的体积变形由两部分组成，即煤固体骨架的变形与孔隙的变形；根据假设⑩，$\alpha_b=(1-n)\alpha_s+n\alpha_P$；$(1-n)\alpha_s \ll n\alpha_P$，故煤体的体积变形等于孔隙的变形。

考虑水的可压缩性，假设式（5-24）：

$$\rho_w=\rho_0(1+\beta_w P_w) \tag{5-24}$$

式中　ρ_w——水的密度，g/m^3；

β_w——水的压缩系数。

在以上假设下，研究任一控制体积单元的水的质量守恒：

$$\mathrm{div}(\rho_w \boldsymbol{q}_w)=\frac{\partial(n\rho_w)}{\partial t}-W_1 \tag{5-25}$$

式中　n——孔隙率；

q_w——渗流速度；

W_1——源汇项。

考虑到瓦斯与水二者在孔隙中各自的饱和度，有式（5-26）：

$$\begin{aligned}\mathrm{div}(\rho_w \boldsymbol{q}_w) &= \frac{\partial(nS_w\rho_w)}{\partial t} - W_1 \\ &= S_w\rho_w \frac{\partial n}{\partial t} + n\rho_w \frac{\partial S_w}{\partial t} + n\beta_w\rho_0 \frac{\partial p_w}{\partial t} - W_1\end{aligned} \tag{5-26}$$

将假设⑤水渗流达西定律代入式（5-22），得到式（5-27）：

$$\begin{aligned}&\frac{\partial}{\partial x}\left(\frac{k_x}{\mu_w}\frac{\partial P_w}{\partial x}\right) + \frac{\partial}{\partial y}\left(\frac{k_x}{\mu_w}\frac{\partial P_w}{\partial y}\right) + \frac{\partial}{\partial z}\left(\frac{k_x}{\mu_w}\frac{\partial P_w}{\partial z}\right) \\ &= S_w\rho_w \frac{\partial n}{\partial t} + n\rho_w \frac{\partial S_w}{\partial t} + n\beta_w\rho_0 \frac{\partial P_w}{\partial t} - W_1\end{aligned} \tag{5-27}$$

式（5-27）即为考虑固体变形的煤岩体渗流方程，从方程的右侧看到，渗流压力分布受固体骨架变形、饱和度、流体压力随时间的变化关系等因素决定。

5.1.5 温度场控制方程

在注热抽采煤层瓦斯的模拟过程中，热流体依靠对流作用进行传热，煤岩体骨架主要依靠热传导作用进行传热，二者具有不同的传热特性，煤岩体的热传导系数、比热容等与流体的也不同，需要建立各自的传热方程进行计算。

煤岩体固体骨架导热方程定义如式（5-28）：

$$(1-n)\rho_s c_s \frac{\partial T}{\partial t} = (1-n)\lambda_s \nabla T^2 + Q_0 \tag{5-28}$$

式中 ρ_s——煤岩体的密度；

c_s——煤岩体比热容；

λ_s——煤岩体热传导系数；

Q_0——热源汇项。

对于流体对流方程，定义如式（5-29）：

$$n\frac{\partial T}{\partial t} + \left(u\frac{\partial T}{\partial x} + v\frac{\partial T}{\partial y} + w\frac{\partial T}{\partial z}\right) = n\frac{\lambda}{\rho c_P}\left(\frac{\partial^2 T}{\partial x^2} + \frac{\partial^2 T}{\partial y^2} + \frac{\partial^2 T}{\partial z^2}\right) + Q_1 \tag{5-29}$$

式中 λ——气液两相混合流体的热传导系数；

T——温度；

c_P——气液两相混合流体的比热容；

ρ——气液两相混合流体的密度；

u，v，w——混合流体的流速；

Q_1——热源汇项。

混合流体的比热容、热传导率、密度定义如式（5-30）：

$$c_P = S_g c_g + S_w c_w$$
$$\lambda = S_g \lambda_g + S_w \lambda_w$$
$$\rho = S_g \rho_g + S_w \rho_w \tag{5-30}$$

根据假设⑤，将渗流达西定律、式（5-26）代入式（5-25）有：

$$n(S_g\rho_g + S_w\rho_w)(S_g c_g + S_w c_w)\frac{\partial T}{\partial t} + \frac{(S_g\rho_g + S_w\rho_w)(S_g c_g + S_w c_w)}{S_g\mu_g + S_w\mu_w} k_i \nabla p \cdot \nabla T = n(S_g\lambda_g + S_w\lambda_w)\nabla T^2 + Q_1 \tag{5-31}$$

根据假设②，煤岩体与流体时刻处于热平衡状态，则将式进行叠加，有：

$$(\rho c)_t \frac{\partial T}{\partial t} + \frac{(S_g\rho_g + S_w\rho_w)(S_g c_g + S_w c_w)}{S_g\mu_g + S_w\mu_w} k_i \nabla p \cdot \nabla T = \lambda_t \nabla T^2 + Q \tag{5-32}$$

式中　Q——煤岩体中两相流体的源汇项；

λ_t——煤岩体中两相流体的等效热传导率；

$(\rho c)_t$——煤岩体中两相流体的等效热容。

5.1.6　煤岩体变形方程

根据弹性力学理论，煤岩体静力平衡方程如式（5-33）：

$$\sigma_{ij,j} + F_i = 0 \tag{5-33}$$

根据假设⑧和假设⑨，考虑瓦斯孔隙压及瓦斯解吸排放的影响，用位移进行应力平衡方程的表述，如式（5-34）：

$$(\lambda + \mu)u_{j,ji} + \mu u_{i,jj} + F_i + (\alpha\delta_{ij}P)_{,i} + (\omega\delta_{ij}C)_{,i} = 0 \tag{5-34}$$

式中　λ，μ——拉梅常数；

F_i——体积力分量。

方程即是以位移表示的考虑孔隙压力的煤岩体运动方程。

5.2 注热强化瓦斯抽采的热-流-固耦合数学模型

5.2.1 数学模型方程组建立

结合前述考虑温度作用的瓦斯渗流方程、考虑岩体变形的水渗流方程、考虑气水对流传热与煤岩体导热的温度场控制方程，结合其他的耦合方程建立注热强化煤层瓦斯抽采的固流热耦合控制方程，表示为式（5-35)：

$$
\begin{cases}
\sum_{1}^{3}\left(\frac{M}{2RT}\frac{\partial}{\partial x_i}\left(\frac{k_{x_i}}{\mu}\frac{\partial P_g^{\ 2}}{\partial x_i}\right)+\underbrace{\frac{M}{2RT^2}\frac{k_{x_i}}{\mu}}_{\text{I}}\frac{\partial P_g^{\ 2}}{\partial x_i}\frac{\partial T}{\partial x_i}\right) \\
=\underbrace{\frac{S_g M P_g}{RT}\frac{\partial n}{\partial t}}_{\text{II}}+\underbrace{\frac{nP_g M}{RT}\frac{\partial S_g}{\partial T}}_{\text{III}}+\left(\underbrace{\frac{S_g nM}{RT}}_{\text{IV}}+\underbrace{\frac{\rho_0 ab}{(1+bP_g)^2}}_{\text{V}}\right)\frac{\partial P_g}{\partial t} \\
-\underbrace{\frac{S_g MnP_g}{RT^2}\frac{\partial T}{\partial t}}_{\text{VI}}+\underbrace{\frac{\rho_0 bP_g}{1+bP_g}\frac{\partial a}{\partial t}}_{\text{VII}}+\underbrace{\frac{\rho_0 aP_g}{(1+bP_g)^2}\frac{\partial b}{\partial t}}_{\text{VIII}} \\
\frac{\partial}{\partial x}\left(\frac{k_x}{\mu_w}\frac{\partial P_w}{\partial x}\right)+\frac{\partial}{\partial y}\left(\frac{k_x}{\mu_w}\frac{\partial P_w}{\partial y}\right)+\frac{\partial}{\partial z}\left(\frac{k_x}{\mu_w}\frac{\partial P_w}{\partial z}\right) \\
=S_w\rho_w\frac{\partial n}{\partial t}+\underbrace{n\rho_w\frac{\partial S_w}{\partial t}}_{\text{IX}}+n\beta_w\rho_0\frac{\partial P_w}{\partial t}-W_1 \\
(\rho c)_t\frac{\partial T}{\partial t}+\frac{(S_g\rho_g+S_w\rho_w)(S_g c_g+S_w c_w)}{S_g\mu_g+S_w\mu_w}k_i\nabla P\cdot\nabla T=\lambda_t\nabla T^2+Q \\
(\lambda+\mu)u_{j,ji}+\mu u_{i,jj}+F_i+\underbrace{(\alpha\delta_{ij}P)_{,i}}_{\text{X}}+\underbrace{(\omega\delta_{ij}C)_{,i}}_{\text{XI}}=0 \\
S_g+S_w=1 \\
P_w=P_g
\end{cases}
\tag{5-35}
$$

方程式（5-35）包含 8 个未知数、8 个变量，辅以初、边值条件即构成完整的注热强化瓦斯抽采的数学模型，该模型极端非线性，无法直接求得其解析解，只能采用数值的方法，寻求其近似解。

5.2.2 数学模型分析

（1）已有瓦斯渗流模型的分析

我国瓦斯研究领域的奠基者周世宁院士 1957 年在北京矿业学院学报发表了论文“煤层瓦斯运动理论分析”，首次提出线性瓦斯流动理论：

$$\frac{\mathrm{d}^2 p'}{\mathrm{d}Z}=\frac{1}{2}f(P)\frac{\mathrm{d}P'}{\mathrm{d}Z} \tag{5-36}$$

其中：

$$fp=\frac{w\beta}{K}\left[\frac{ab}{(1+b\sqrt{P'})^2}+\frac{n}{w\beta}\right]\frac{1}{\sqrt{P'}} \tag{5-37}$$

该数学模型中 $ab/(1+b\sqrt{P'})^2$ 项即是考虑吸附态瓦斯含量对瓦斯渗流的影响，$n/w\beta$ 项即是考虑游离态瓦斯对瓦斯渗流的影响。该模型以气体在均匀介质中的流动理论为基础，结合气体状态方程联立进行推导，方程简洁明了，物理意义清晰。

这一模型中揭示出瓦斯的渗流过程不同于一般意义上气体的渗流，必须考虑因孔隙压变化，吸附相与游离相相互转化的物理化学定律对渗流的影响。

1990 年，赵阳升在山西矿业学院学报发表“煤层瓦斯流动的固结数学模型”，首次提出了气体渗流与固体变形的气固耦合瓦斯渗流理论，如式（5-38）：

$$(K_i P^2_{,i})_{,i}=\left(\frac{n_0-e}{P}+\frac{abRT}{P(1+bP)^2}\right)\frac{\partial P^2}{\partial t}+2p\,\frac{\partial e}{\partial t}$$

$$(\lambda(c)+\mu(c))u_{j,ji}+\mu(c)u_{i,jj}+F_i+P_{,i}=0 \tag{5-38}$$

该数学模型除了考虑游离与吸附瓦斯的转化对渗流的影响外，进一步考虑了固体变形带来的影响，方程右侧增加了 e 和$\partial e/\partial t$ 项。其中，n_0 是初始孔隙率，n_0-e 即是不同时刻的孔隙率，跟固体变形密切相关。而固体变形方程中 $P_{,i}$ 项即是考虑孔隙压通过有效应力关系对骨架变形带来的影响，清晰地展现了气体方程与固体方程耦合的机理。

1995 年，梁冰发展了瓦斯气固耦合数学模型，如式（5-39）：

$$\frac{\partial}{\partial x}\left(k_x \frac{\partial^2 P}{\partial x^2}\right)+\frac{\partial}{\partial y}\left(k_y \frac{\partial^2 P}{\partial y^2}\right)+\frac{\partial}{\partial z}\left(k_z \frac{\partial^2 P}{\partial z^2}\right)=\left[\frac{2n}{P_0}+\frac{ab\rho_{\mathrm{m}}}{(1+bP)^2}+\frac{ab\rho_{\mathrm{m}}}{(1+bP)}\right]\frac{\partial^2 P}{\partial t^2}$$

$$K=a_0\exp(a_1\Theta'+a_2P^2+a_3\Theta'P) \tag{5-39}$$

该模型通过渗透系数与有效体积应力的关系来反映气固耦合机理，方程便于求解。

2000 年，梁冰发表了“非等温条件下煤层中瓦斯流动的数学模型及数值解法”一文。考虑到瓦斯抽放现场，当瓦斯大量解吸时，煤壁温度会降低 5℃左右，这个因素对瓦斯渗流过程不可忽略。模型的其他方程仍旧沿用式（5-39）的思想，对瓦斯渗流方程右端项，通过实验室实验，对瓦斯吸附系数 a、b 值进行拟合分析，总结出随温度变化的关系，代入瓦斯渗流方程进行求解。在这一模型中瓦斯渗流方程右侧吸附系数随温度增加是变化的，联合导热方程建立起非等温的瓦斯渗流模型，该模型反映了温度对瓦斯渗流过程的影响，具有一定的先进性。

1999 年，刘建军等研究了煤储层流固耦合渗流的数学模型，提出了储层条件下瓦斯气与水共同渗流的数学模型，依靠瓦斯气与水的压力相差一个毛细管力，气水饱和度总和为 1，解决了方程的求解问题。

该模型最大的特点在于能够解决气水共存的问题，通过引入毛细管力和饱和度，将气体压力与液体压力协调起来；从以上分析中看到：

① 瓦斯流固耦合数学模型首先必须考虑固体变形对瓦斯渗流的影响，方程中一般是通过孔隙率来进行体现；

② 固体方程必须考虑孔隙压力的作用，一般通过有效应力公式代入固体应力方程来进行体现；

③ 如果涉及水气共存，需要引入饱和度和气体压力与液体压力的协调方程来进行联立求解；

④ 最后，气体渗流方程必须考虑吸附相与游离相的转化关系。

上述各数学模型基于不同的侧重点，再现了瓦斯渗流模型发展的历程。

（2）本章建立的瓦斯固流热耦合模型的分析

本章中，式（5-35）是一个考虑温度对瓦斯渗流作用、考虑气水共存等多因素的热流固耦合数学模型。主要表现在：

① 方程左端的$\frac{M}{2RT^2}\frac{k_{x_i}}{\mu}\frac{\partial P_{\mathrm{g}}^2}{\partial x_i}\frac{\partial T}{\partial x_i}$项主要基于温度场沿空间分布并不是恒定

不变，存在一个扩散项，即式（5-31）中Ⅰ项，该项对瓦斯渗流压力分布的影响很大。

② 方程右端Ⅱ、Ⅲ项考虑了固体变形因素及气水在孔隙度中的占比变化，从方程形式上看到，此两项仅从影响游离瓦斯的角度对渗流过程产生影响。此两项联合作用能够代表渗流“面孔隙度变化”带来的影响。

③ 模型中Ⅱ、Ⅲ项代表孔隙压变化对渗流过程的影响，从该项存在的形式来看，Ⅳ项体现游离瓦斯受孔隙压影响产生变化进而影响渗流过程的机理，Ⅴ项体现吸附态瓦斯受孔隙压影响产生变化进而影响渗流过程的机理。

④ Ⅵ项体现随温度变化，瓦斯渗流场的影响机理。从该项形式上看，代表了游离相瓦斯受温度作用影响渗流过程的机理。但温度作用显然不仅仅在此，Ⅶ、Ⅷ项代表了吸附系数对渗流过程的影响，这两项如果进一步展开，按照式（5-21），实质反映的是温度对吸附相瓦斯的影响，进而影响渗流过程的机理。

$$\frac{\partial a}{\partial t}=\frac{\partial a}{\partial T}\frac{\partial T}{\partial t}=a_0\alpha \mathrm{e}^{-\alpha T}\ \frac{\partial T}{\partial t}$$

$$\frac{\partial b}{\partial t}=\frac{\partial b}{\partial T}\frac{\partial T}{\partial t}=b_0\beta \mathrm{e}^{-\beta T}\ \frac{\partial T}{\partial t} \tag{5-21}$$

⑤ 模型中水渗流方程体现了固体变形、水相饱和度、水相渗流压力等因素对水渗流过程的影响，其中Ⅸ即代表了饱和度对水渗流的影响。

⑥ 模型中传热方程体现了流固热平衡时，热物理参数的协调一致，并且该温度场方程是一个考虑强制对流传热的传热方程，有别于大多数模型均采用导热的形式，该模型可以用来模拟计算强制对流传热的问题。

⑦ 模型中Ⅹ、Ⅺ两项存在于固体变形方程中，Ⅹ项代表有效应力对固体变形的影响，Ⅺ项代表吸附态瓦斯含量对固体变形的影响，明确了具有吸附解吸过程的气体在多孔介质中的气固耦合问题，如果气体没有吸附性，则方程中Ⅺ项取为0。

5.3 本章小结

在本章中，在分析已有模型的基础上，结合弹性力学、渗流力学、传热学、物理吸附等相关理论知识，分析了煤体骨架应力场、温度场、瓦斯渗流场与瓦斯吸附解吸过程之间相互作用及制约的复杂关系，阐明在水渗流场引导下，温度场的分布与演化规律，分析固体应力场与水渗流场、温度场、瓦斯吸附解吸及瓦斯渗流的耦合作用机理。建立了注热强化瓦斯抽采的固流热耦合数学模型，其中的瓦斯方程式右侧含有$\partial n/\partial t$、$\partial S_g/\partial t$、$\partial P_g/\partial t$、$\partial T/\partial t$四大项，展示出瓦斯渗流与固体变形、温度变化、瓦斯压力、气水饱和度紧密相关。

第6章

注热强化煤层瓦斯抽采数值模拟计算

在注热强化煤层气开采领域，既涉及煤层气受热解吸、煤体微观变形、随温度变化气水汇合于煤孔隙裂隙中渗透传输等理论问题，也涉及热力传输、水力割缝等工程技术问题，工程实践过程复杂而艰难，并且煤体内部及微观变化过程不易观测，而数值模拟方法不仅能为瓦斯开采提供技术参考，有利于推广考察瓦斯热采工艺以及抽采效果的适用性，同时，对提高煤层气的抽采效率、降低瓦斯事故的发生概率和危险程度具有重要意义。在本章中，以屯兰煤矿实验区的基本概况为研究对象，基于上一章提出的注热强化瓦斯抽采的“固-流-热”耦合数学模型及实验区的情况，建立数值模型，并进行数值模拟计算。以时间为循环变量，在不同的时刻分别计算传热方程、瓦斯渗流方程、固体变形方程等耦合方程的数值解，根据计算结果，分别分析煤层注热过程中煤体温度场变化规律、煤层瓦斯含量变化规律以及煤体变形随瓦斯抽采变化规律。

6.1 数值解法分析

6.1.1 瓦斯渗流方程的线性近似

针对瓦斯渗流方程，如式（5-23），令 $P_g^2=F$，忽略各向异性，$k_0=k_{xi}/\mu_g$，得式（6-1）：

$$\begin{aligned}&\sum_1^3\left(\frac{l_1k_0}{2T}\frac{\partial^2F}{\partial x_i^2}+\frac{l_1k_0}{2T^2}\frac{\partial F}{\partial x_i}\frac{\partial T}{\partial x_i}\right)\\&=\frac{l_1S_gP_g}{T}\frac{\partial n}{\partial t}+\frac{l_1np_g}{T}\frac{\partial S_g}{\partial T}+\left(\frac{l_1S_gn}{2P_gT}+\frac{l_2\mathrm{e}^{-(\alpha+\beta)T}}{2P_g(1+b_0\mathrm{e}^{-\beta T}P_g)^2}\right)\frac{\partial F}{\partial t}\\&\quad+\left(\frac{l_2\mathrm{e}^{-(\alpha+\beta)T}P_g}{1+b_0\mathrm{e}^{-\beta T}P_g}+\frac{l_2\mathrm{e}^{-(\alpha+\beta)T}P_g}{(1+b_0\mathrm{e}^{-\beta T}P_g)^2}-\frac{l_1S_gnP_g}{T^2}\right)\frac{\partial T}{\partial t}\end{aligned}\tag{6-1}$$

方程右边从时间近似角度作线性近似，除 P_g 外，其他的物理量对方程视作常数项，代入当前时刻的函数值便可。为了方程表示起来清晰，将方程中的吸附系数 a、b 用当前时刻下的函数量表示，得到式（6-2）：

$$\begin{aligned}&\sum_1^3\left(\frac{l_1k_0}{2T}\frac{\partial^2F}{\partial x_i^2}+\frac{l_1k_0}{2T^2}\frac{\partial F}{\partial x_i}\frac{\partial T}{\partial x_i}\right)\\&=\frac{l_1S_g\sqrt{F}}{T}\frac{\partial n}{\partial t}+\frac{l_1n\sqrt{F}}{T}\frac{\partial S_g}{\partial T}+\left(\frac{l_1S_gn}{2\sqrt{F}T}+\frac{l_2\mathrm{e}^{-(\alpha+\beta)T}}{2\sqrt{F}(1+b_0\mathrm{e}^{-\beta T}\sqrt{F})^2}\right)\frac{\partial F}{\partial t}\end{aligned}$$

$$+\left(\frac{l_2 e^{-(\alpha+\beta)T}\sqrt{F}}{1+b_0 e^{-\beta T}\sqrt{F}}+\frac{l_2 e^{-(\alpha+\beta)T}\sqrt{F}}{(1+b_0 e^{-\beta T}\sqrt{F})^2}-\frac{l_1 S_g n\sqrt{F}}{T^2}\right)\frac{\partial T}{\partial t} \tag{6-2}$$

按照时间序列，用上一时刻的函数值及时间循环增量近似替代当前时刻的值。

令：

$$\sqrt{F}=\sqrt{F}\left|_{t=t_0}+\frac{1}{2\sqrt{F}}\frac{\partial F}{\partial t}\right|_{t=t_0}(t-t_0)=L_1+L_2(t-t_0) \tag{6-3}$$

$$\frac{1}{\sqrt{F}}\left|_{t=t}=\frac{1}{\sqrt{F}}\right|_{t=t_0}-\frac{1}{2F\sqrt{F}}\left|_{t=t_0}(t-t_0)=L_3+L_4(t-t_0)\right. \tag{6-4}$$

$$\begin{aligned}\frac{1}{\sqrt{F}(1+b\sqrt{F})^2}\Big|_{t=t}&=\frac{1}{\sqrt{F}(1+b\sqrt{F})^2}\Big|_{t=t_0}\\&\quad-\frac{1+3b\sqrt{F}}{2\sqrt{F}F(1+b\sqrt{F})^3}\frac{\partial F}{\partial t}\Big|_{t=t_0}(t-t_0)=L_5+L_6(t-t_0)\end{aligned} \tag{6-5}$$

$$\begin{aligned}\frac{\sqrt{F}}{1+b\sqrt{F}}\Big|_{t=t}&=\frac{\sqrt{F}}{1+b\sqrt{F}}\Big|_{t=t_0}+\frac{1}{2\sqrt{F}(1+b\sqrt{F})^2}\frac{\partial F}{\partial t}\Big|_{t=t_0}(t-t_0)\\&=L_7+L_8(t-t_0)\end{aligned} \tag{6-6}$$

$$\begin{aligned}\frac{\sqrt{F}}{(1+b\sqrt{F})^2}\Big|_{t=t}&=\frac{\sqrt{F}}{(1+b\sqrt{F})^2}\Big|_{t=t_0}+\frac{1-b^2F}{2\sqrt{F}(1+b\sqrt{F})^4}\frac{\partial F}{\partial t}\Big|_{t=t_0}(t-t_0)\\&=L_9+L_{10}(t-t_0)\end{aligned} \tag{6-7}$$

所以方程右端各项目变为：

$$\frac{l_1 S_g\sqrt{F}}{T}\frac{\partial n}{\partial t}=[L_1+L_2(t-t_0)]\frac{l_1 S_g}{T}\frac{\partial n}{\partial t} \tag{6-8}$$

$$\frac{l_1 n\sqrt{F}}{T}\frac{\partial S_g}{\partial T}=[L_1+L_2(t-t_0)]\frac{l_1 n}{T}\frac{\partial S_g}{\partial T} \tag{6-9}$$

$$\begin{aligned}&\left\{\frac{l_1 S_g n}{2\sqrt{F}T}+\frac{l_2 e^{-(\alpha+\beta)T}}{2\sqrt{F}(1+b_0 e^{-\beta T}\sqrt{F})^2}\right\}\frac{\partial F}{\partial t}\\&=\left\{[L_3+L_4(t-t_0)]\frac{l_1 S_g n}{2T}+[L_5+L_6(t-t_0)]\frac{l_2 e^{-(\alpha+\beta)T}}{2}\right\}\frac{\partial F}{\partial t}\end{aligned} \tag{6-10}$$

$$\begin{aligned}&\frac{l_2 e^{-(\alpha+\beta)T}\sqrt{F}}{1+b_0 e^{-\beta T}\sqrt{F}}+\frac{l_2 e^{-(\alpha+\beta)T}\sqrt{F}}{(1+b_0 e^{-\beta T}\sqrt{F})^2}-\frac{l_1 S_g n\sqrt{F}}{T^2}\\&=[L_7+L_8(t-t_0)]l_2 e^{-(\alpha+\beta)T}+[L_9+L_{10}(t-t_0)]l_2 e^{-(\alpha+\beta)T}\end{aligned}$$

$$+[L_1+L_2(t-t_0)]\left(-\frac{l_1 S_g n}{T^2}\right) \tag{6-11}$$

再次整理代换，令：

$$f_1=[L_3+L_4(t-t_0)]\frac{l_1 S_g n}{2T}+[L_5+L_6(t-t_0)]\frac{l_2 e^{-(\alpha+\beta)T}}{2} \tag{6-12}$$

$$f_2=[L_1+L_2(t-t_0)]\frac{l_1 S_g}{T}\frac{\partial n}{\partial t}+[L_1+L_2(t-t_0)]\frac{l_1 n}{T}\frac{\partial S_g}{\partial T}+$$
$$\Big\{[L_7+L_8(t-t_0)]l_2 e^{-(\alpha+\beta)T}+[L_9+L_{10}(t-t_0)]l_2 e^{-(\alpha+\beta)T}$$
$$+[L_1+L_2(t-t_0)]\left(-\frac{l_1 S_g n}{T^2}\right)\Big\}\frac{\partial T}{\partial t} \tag{6-13}$$

$$则方程右边=f_1\frac{\partial F}{\partial t}+f_2 \tag{6-14}$$

所以得到各向异性的瓦斯渗流方程：

$$\sum_1^3\left(\frac{l_1}{2T}\frac{\partial}{\partial x_i}\left(\frac{k_{x_i}}{\mu}\frac{\partial {P_g}^2}{\partial x_i}\right)+\frac{l_1}{2T^2}\frac{k_{x_i}}{\mu}\frac{\partial {P_g}^2}{\partial x_i}\frac{\partial T}{\partial x_i}\right)=f_1\frac{\partial F}{\partial t}+f_2 \tag{6-15}$$

各向同性的瓦斯渗流方程：

$$\sum_1^3\left(\frac{l_1 k_0}{2T}\frac{\partial^2 F}{\partial x_i^2}+\frac{l_1 k_0}{2T^2}\frac{\partial F}{\partial x_i}\frac{\partial T}{\partial x_i}\right)=f_1\frac{\partial F}{\partial t}+f_2 \tag{6-16}$$

6.1.2 瓦斯渗流方程的泛函及离散

按照第二类边界条件并对其做线性近似，给定流量边界表示为：

$$K_x\frac{\partial p}{\partial x}n_x+K_y\frac{\partial p}{\partial y}n_y+K_z\frac{\partial p}{\partial z}n_z=-g \tag{6-17}$$

式中，$n_x=\text{const}(N,x)$、$n_y=\text{const}(N,y)$、$n_z=\text{const}(N,z)$，均为边界法线与坐标轴的方向余弦。

同理，令 $P^2=F$，则式（6-17）变为式（6-18）：

$$K_x\frac{\partial F}{\partial x}n_x+K_y\frac{\partial F}{\partial y}n_y+K_y\frac{\partial F}{\partial z}n_z=-2g\sqrt{F} \tag{6-18}$$

代入式（6-3）则方程变为式（6-19）：

$$K_x\frac{\partial F}{\partial x}n_x+K_y\frac{\partial F}{\partial y}n_y+K_y\frac{\partial F}{\partial z}n_z=-2g[L_1+L_2(t-t_0)] \tag{6-19}$$

$$K_x \frac{\partial F}{\partial x} n_x + K_y \frac{\partial F}{\partial y} n_y + K_y \frac{\partial F}{\partial z} n_z = -G \tag{6-20}$$

式中，$G=-2g[L_7+L_8(t-t_0)]$

采用数值解法，其瓦斯渗流方程相应的泛函方程如式（6-21）：

$$I(F)=\frac{1}{2}\iiint_V \left\{K_x\left(\frac{\partial F}{\partial x}\right)^2 + K_y\left(\frac{\partial F}{\partial y}\right)^2 + K_z\left(\frac{\partial F}{\partial z}\right)^2 + 2\left(f_1 \frac{\partial F}{\partial t} + f_2\right)F\right\} \mathrm{d}x\,\mathrm{d}y\,\mathrm{d}z - \int GF\,\mathrm{d}s \tag{6-21}$$

考虑到计算精度与简便，整个计算采用三角形线性插值单元与四边形四结点等参单元离散，前者作为辅助单元，则可以获得瓦斯渗流方程的离散方程，如式（6-22）所示：

$$[T]\{F\}+[S]\left\{\frac{\partial F}{\partial t}\right\}+\{H\}=0 \tag{6-22}$$

式中　$[T]$——传导总体矩阵；

$[S]$——容量总体矩阵；

$\{H\}$——列向量。

6.1.3 传热方程的泛函及离散

根据式（5-32）

$$(\rho c)_t \frac{\partial T}{\partial t} + \frac{(S_g\rho_g+S_w\rho_w)(S_g c_g+S_w c_w)}{S_g\mu_g+S_w\mu_w} k_i \nabla p \cdot \nabla T = \lambda_t \nabla T^2 + Q$$

按照第二类边界条件并对其做线性近似，给定流量边界表示为式（6-23）：

$$K_x \frac{\partial T}{\partial x} n_x + K_y \frac{\partial T}{\partial y} n_y + K_z \frac{\partial T}{\partial z} n_z = -l \tag{6-23}$$

式中，$n_x=\mathrm{const}(N,x)$、$n_y=\mathrm{const}(N,y)$、$n_z=\mathrm{const}(N,z)$，均为边界法线与坐标轴的方向余弦。

∇P_w 根据水渗流方程：

$$k_i \nabla P_w \cdot \nabla T = lk_i \nabla P_w = l\boldsymbol{P}_{w0} \tag{6-24}$$

令：$m_1=\lambda_1, m_2=(\rho c)_t\left(\frac{\partial T}{\partial t}\right)$，其中，$\frac{\partial T}{\partial t}$依据前两个时刻的函数值差分进行求解。

利用变分公式，其相应的泛函如式（6-25）所示：

$$\pi(T)=\frac{1}{2}\int_{(v)}\left[\lambda_t\left(\frac{\partial T}{\partial x}\right)^2 + \lambda_t\left(\frac{\partial T}{\partial y}\right)^2 + \lambda_t\left(\frac{\partial T}{\partial z}\right)^2 + 2(\rho c)_t \frac{\partial T}{\partial t} T\right] \mathrm{d}v$$

$$+\int_{(\Delta A_v)} \overline{T_v} T \mathrm{d}s \tag{6-25}$$

6.1.4 固体变形方程的泛函及离散

用位移表示的固体变形方程为式（5-34）：

$$(\lambda+\mu)u_{j,ji}+\mu u_{i,jj}+F_i+(\alpha\delta_{ij}P)_{,i}+(\omega\delta_{ij}C)_{,i}=0$$

对于煤岩特殊材料，有效应力系数 α 不是一个常数，而是体积应力 Θ 与孔隙压 P 的函数。在三维情况下，$(\alpha P)_{,i}=\{\partial(\alpha P)/\partial x,\partial(\alpha P)/\partial y,\partial(\alpha P)/\partial z\}$，由于 α 是 $[0,1]$ 区间内的有界函数，又 $\alpha=\alpha(\Theta,P)$，则：

$$\frac{\partial\alpha}{\partial x}=\frac{\partial\alpha}{\partial\Theta}\frac{\partial\Theta}{\partial x}+\frac{\partial\alpha}{\partial P}\frac{\partial P}{\partial x}$$

$$\frac{\partial\alpha}{\partial y}=\frac{\partial\alpha}{\partial\Theta}\frac{\partial\Theta}{\partial y}+\frac{\partial\alpha}{\partial P}\frac{\partial P}{\partial y}$$

$$\frac{\partial\alpha}{\partial z}=\frac{\partial\alpha}{\partial\Theta}\frac{\partial\Theta}{\partial z}+\frac{\partial\alpha}{\partial P}\frac{\partial P}{\partial z} \tag{6-26}$$

$$\begin{aligned}(\alpha P)_{,i}&=\left\{\alpha\frac{\partial P}{\partial x},\alpha\frac{\partial P}{\partial y},\alpha\frac{\partial P}{\partial z}\right\}^{\mathrm{T}}+\left\{\frac{\partial\alpha}{\partial x}P,\frac{\partial\alpha}{\partial y}P,\frac{\partial\alpha}{\partial z}P\right\}^{\mathrm{T}}\\&=\{Q_1\}+\{Q_2\}=\{Q\}\end{aligned} \tag{6-27}$$

$$(wC)_{,i}=\varepsilon_{0i} \tag{6-28}$$

方程式（5-34）可以表示为式（6-29）：

$$(\lambda+\mu)u_{j,ji}+\mu u_{i,jj}+F_{hi}+Q_i+\varepsilon_{0i}=0 \tag{6-29}$$

该方程相应的泛函方程为：

$$W=\frac{1}{2}\int_{(v)}\{\varepsilon\}^{\mathrm{T}}\{\sigma\}\mathrm{d}v-\int_{(s)}\{f\}^{\mathrm{T}}\{q\}\mathrm{d}s-\int_{(v)}\{f\}^{\mathrm{T}}\{\{Q\}+\{F_h\}+\{C\}\}\mathrm{d}v \tag{6-30}$$

式中，$\{f\}^{\mathrm{T}}$ 为位移矢量。该泛函方程与一般的线弹性力学的泛函方程相比，差别仅有：$\int_{(v)}\{f\}^{\mathrm{T}}\{Q\}\mathrm{d}v$ 一项。该项可用塑性力学的初应变法进行等效载荷分析。

则泛函方程式（6-30）离散为代数方程组，如式（6-31）所示：

$$[K]\{u\}=\{F\} \tag{6-31}$$

6.2 实验区概况及计算模型简化

6.2.1 实验区概况

试验矿区屯兰煤矿是山西焦煤西山煤电集团有限责任公司下属现代化特大型矿井，年生产能力 500 万吨。矿井位于山西省古交市以南 6km，井田面积 73.33km^2，工业储量 10.28 亿吨，可采储量 6.28 亿吨。主要生产煤种有焦煤、肥煤和少量瘦煤。井田内共含煤 13 层，含煤地层总厚 161.59m。煤层总厚 17.64m，含煤系数 10.92%。可采煤层有 2、3、6、7、8、9 号 6 层，可采煤层总厚 15.08m，可采含煤系数 9.33%。试验 2$^\#$ 煤层厚 6m，在其工作面顺槽中，间隔 100m 打水平钻孔，形成注热井和生产井。

6.2.2 计算模型简化

按照 5.3 节提出的注热强化瓦斯抽采的“固-流-热”耦合数学模型及试验区的情况，假设沿抽放孔（水平抽放井）径向的每一个截面煤体物理力学特性是一致的，则取垂直于钻孔的截面作为计算的数值模型，模型长 100m，宽 0.3m，高 6m。采用六面体单元将区域离散，共剖分 2448 个节点，1650 个单元。具体的几何物理模型如图 6-1 所示，模型下边界、左边界及前后边界位移约束为 0，上部边界及右边界分别采用均布荷载。计算模型中煤层埋藏深度 180m，则自重为 4.5MPa，上部边界荷载为 4.5MPa；根据金尼克理论，计算

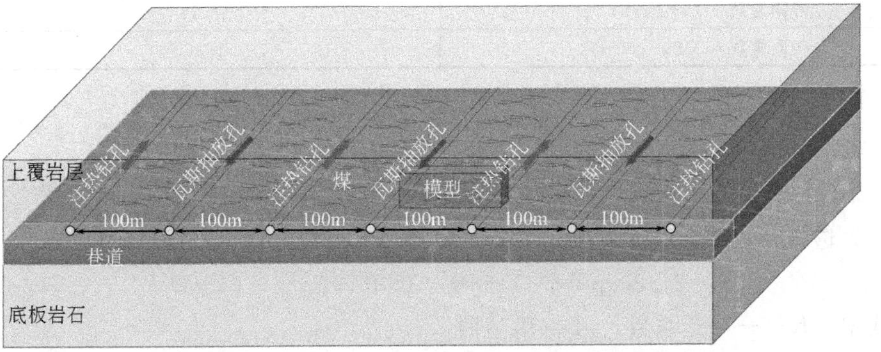

图 6-1　注热强化瓦斯抽采的物理模型示意图

得出煤层侧压系数为0.49，模型水平荷载选取侧压系数与上覆岩层自重的乘积，选取2.2MPa，如图6-2所示。初始瓦斯渗流场 $P_g|_{t=0}=P_{g0}$；初始温度场 $T|_{t=0}=T_0$，其中，P_{g0} 为瓦斯的初始压力值，为1.34MPa；T_0 为原始煤层初始温度值，为25℃。2[#]煤层基本物理力学参数见表6-1。

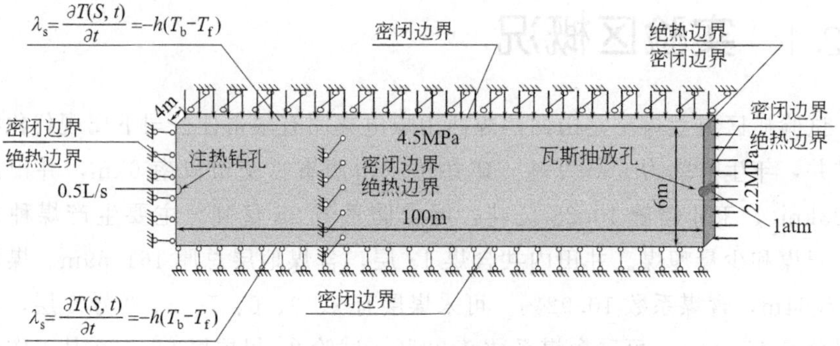

图6-2　*XZ* 平面力学模型

表6-1　2[#]煤层基本参数

参数名称	数值
含瓦斯煤岩内摩擦角 φ/(°)	32
含瓦斯煤岩杨氏模量 E/MPa	2183.1
泊松比 ν	0.3274
瓦斯动力黏度 μ/Pa·s	1.34×10^{-5}
煤体容重 γ/(g/cm³)	1.4
单轴强度/MPa	8.2
孔隙率 n	6.07%
含瓦斯煤岩体积模量 k_s/MPa	170
瓦斯密度 ρ_0/(kg/m³)	0.714
吸附常数 a/(m³/kg)	24.15
吸附常数 b/MPa⁻¹	1.32

屯兰2[#]煤层煤体瓦斯含量计算公式如式(6-32)所示：

$$C=n\frac{PM}{RT}+\frac{abP}{1+bP}\rho_0 \tag{6-32}$$

透气系数符合以下规律：

$$K=24.2\exp(-0.1158\Theta'+0.0373P^3-0.0155\Theta'P) \tag{6-33}$$

式中　K——渗透系数，μD（微达西）；

Θ'——有效体积应力，MPa；

P——孔隙压，MPa。

将渗透系数换算为透气系数，$T=k/\mu$，并换算为工程单位制（cm/h）换算式为：

1 毫达西(mD) $=3.6\times10^{-3}$ cm/h，则煤体透气系数表达式为：

$$K=0.8015\exp(-0.1158\Theta'+0.000373P^2-0.000155\Theta'P) \quad (6\text{-}34)$$

式中 T——煤体瓦斯透气系数，cm/h；

Θ'——煤体有效体积应力，kgf/cm^2；

P——孔隙瓦斯压力，kgf/cm^2。

根据几何物理模型图，采用八面体单元将区域离散，共剖分 2448 个节点，1650 个单元。

6.2.3 数值实验

本书以屯兰煤矿 2# 煤层为基础建立数值模型，在模型左侧设置注热孔，右侧设置抽放孔，考虑"固-流-热"耦合作用进行数值模拟计算。

以时间为循环变量，在不同的时刻分别计算传热方程、煤层气渗流方程、固体变形方程等耦合方程的数值解。根据计算结果，分别分析煤层注热过程中煤体温度场变化规律、煤层中煤层气含量变化规律。分别选取注热工程实施过程的 3 天、10 天、20 天、30 天的结果绘制成图 6-3～图 6-11。

6.2.4 随注热进行煤体温度场变化的规律

图 6-3(a) 显示注热 3 天时，可明显看到煤层中热量传输的动态，即在水力压裂对流传热的条件下，煤体与高温水很快达到热平衡，注水所到之处，温度迅速升高，注热孔区域煤层温度达到 250℃，以裂隙带为界，上下部分煤层温度逐渐升高。图 6-3(b)～(d) 可清晰看到温度升高趋势，逐渐由裂隙带向顶底板方向扩展；注热 10 天时，顶板和底板温度升高至 50℃，裂隙带温度达到 260℃；注热 20 天时，距离裂隙区最远的顶板和底板温度升高至 92℃，30 天时，煤层顶底板温度升高至 126℃。

图 6-4 是模型在 $Y=0$ 平面的温度场分布剖面图。至 30 天时，在裂隙带上下 2m 的范围内，温度几乎已经达到 280℃。随后由裂隙带向顶底板逐渐扩展，温度的作用将加快煤体煤层气的解吸。

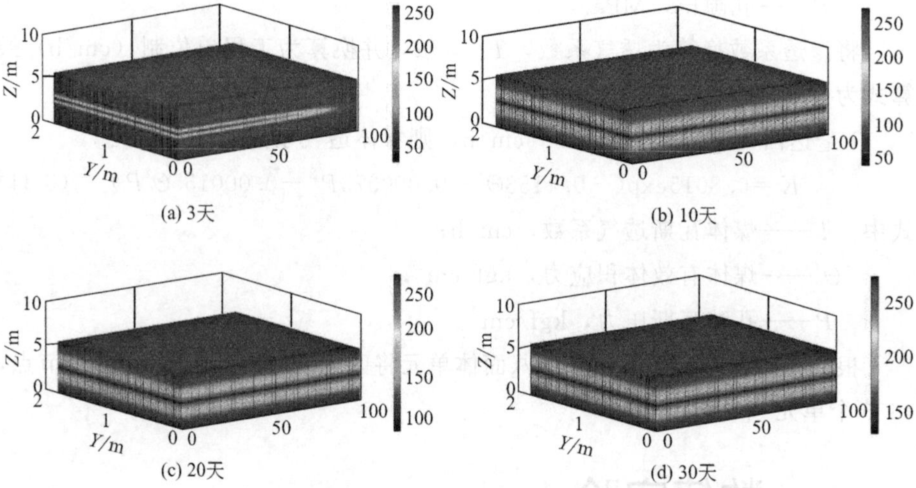

图 6-3 注热过程中煤层温度随时间的变化规律

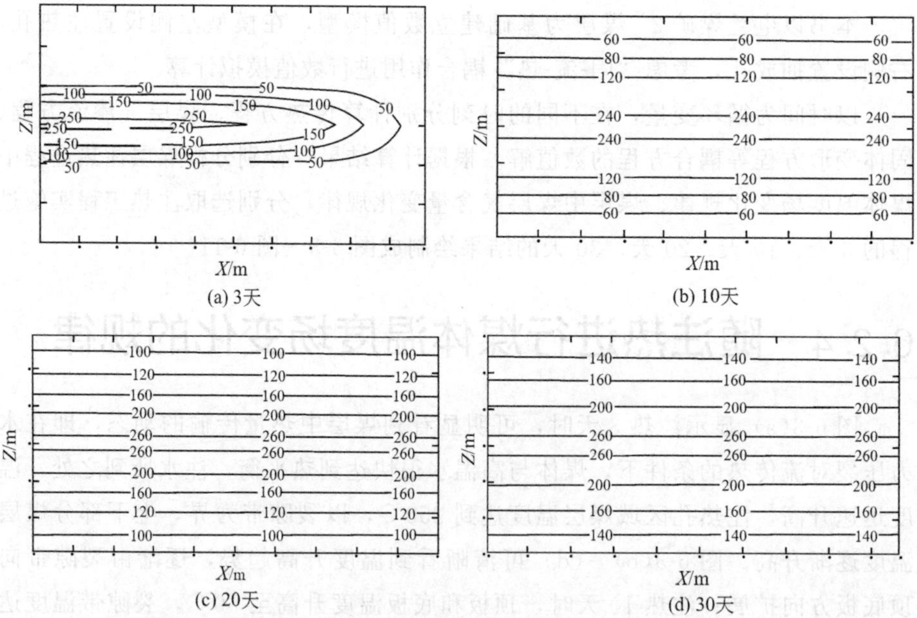

图 6-4 沿注热钻孔垂直剖面煤体温度分布图

6.2.5 吸附态瓦斯含量变化规律

图 6-5、图 6-6 为吸附态煤层气随注热及抽采的变化图。

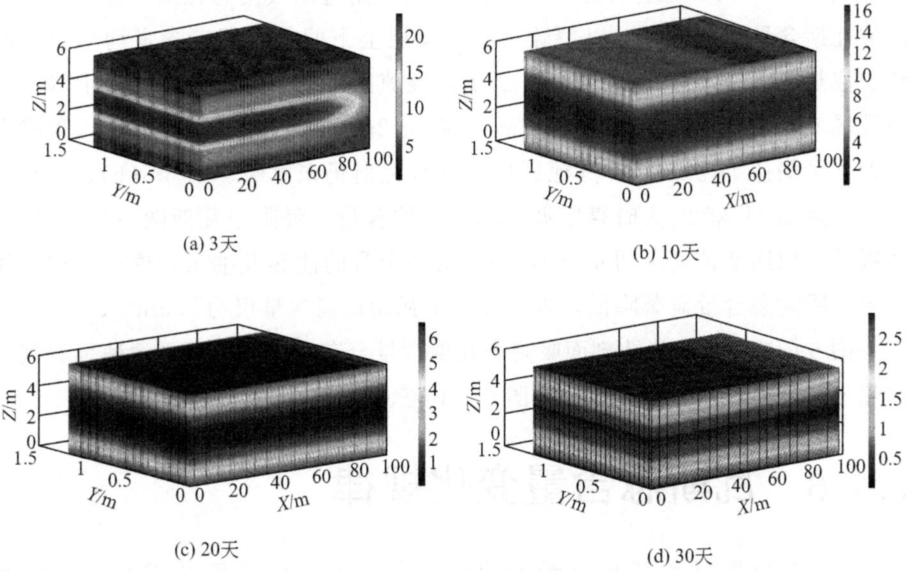

图 6-5 吸附态煤层气含量随注热排采时间的变化规律（单位：m^3/t煤）

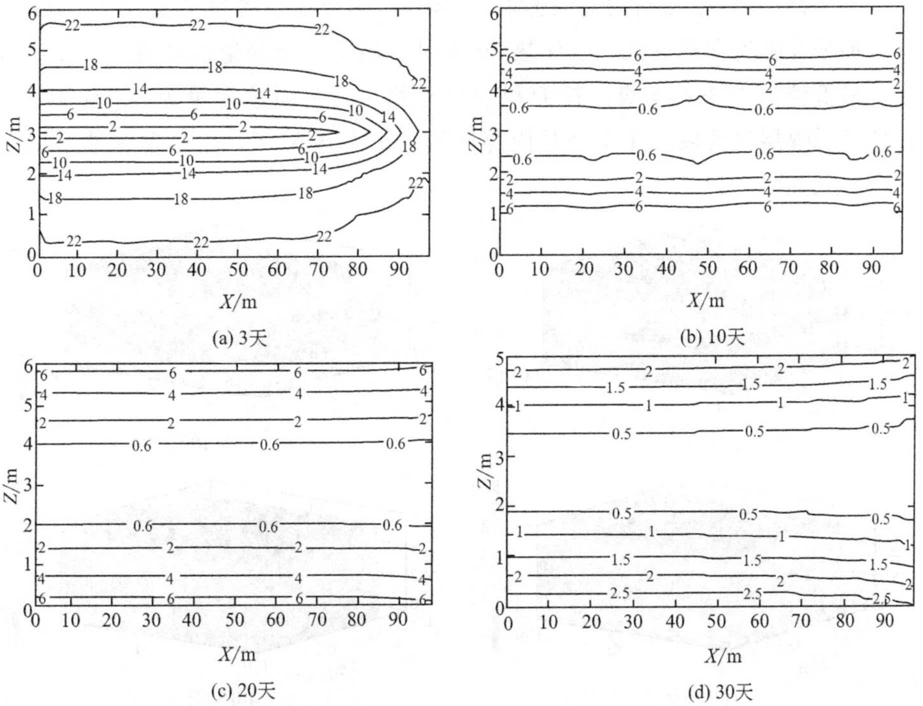

图 6-6 垂直注热孔剖面吸附煤层气含量随注热排采时间的变化规律（单位：m^3/t煤）

从图 6-5 可见，随注热进行，煤层压裂带附近的吸附态瓦斯快速解吸，该区域瓦斯含量快速减小。以裂隙为界，煤层上下两部分瓦斯含量均呈减小趋势。注热至第 3 天，如图 6-5(a) 所示，裂隙区吸附态瓦斯含量明显下降，注热孔区域吸附态瓦斯含量由 22.7m^3/t 降至 2m^3/t；距裂隙带 3m 处，吸附态瓦斯含量仍达 17.8m^3/t。其他区域大部分瓦斯仍未解吸。图 6-5(b)、(c) 分别是注热 10 天和 20 天时煤层吸附态瓦斯的含量，吸附态瓦斯随注热的进行，解吸的区域逐渐扩大。图 6-5(d) 中经历一个月的注热及抽采，模拟区域煤体煤层气吸附态含量显著降低，煤层吸附态瓦斯最高含量仅为 2.5m^3/t。

图 6-6 是垂直注热孔剖面吸附态瓦斯含量分布，从图中可更清楚地看到随注热进行吸附瓦斯量的变化，与图 6-5 对应。

6.2.6 瓦斯总含量变化规律

图 6-7 为煤层瓦斯总含量变化图，模型中原始煤层吨煤瓦斯含量为 23.8m^3，注热 3 天时，压裂带瓦斯总含量迅速降低，最低值为 1.2m^3/t 煤，注热 10 天时，煤层瓦斯的总含量持续降低，顶板处总含量降低至 17.3m^3/t 煤，抽采孔附近含量更低，至注热 30 天时，煤层瓦斯含量最高值为 6.1m^3/t 煤，最低值为 1.2m^3/t 煤。按面积加权平均，其瓦斯总含量为 3.5m^3/t 煤，注热开采煤层气区域，在 1 个月内煤层气采出率达 85%，这是单一抽采技术从未达到的效果。

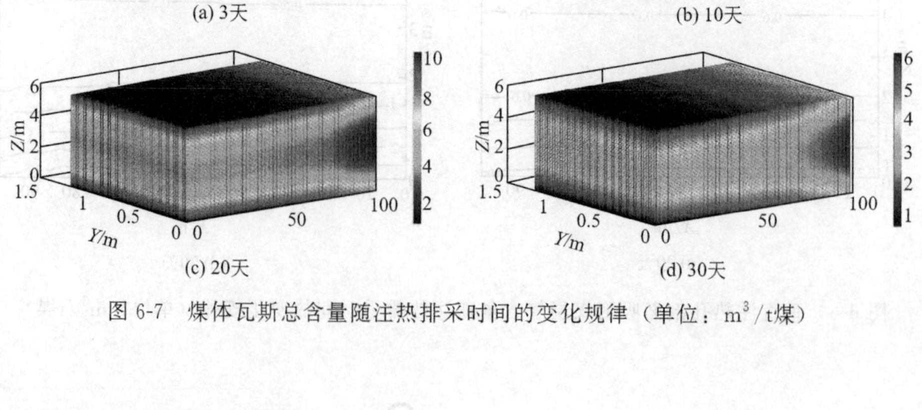

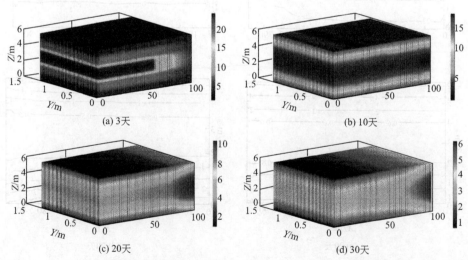

图 6-7 煤体瓦斯总含量随注热排采时间的变化规律（单位：m^3/t煤）

图 6-8 为瓦斯总含量的等值线图，瓦斯含量随着注热进行逐渐降低，由顶底板至裂隙带瓦斯总含量逐级降低，在抽采孔周围形成一个压力降低漏斗，煤层瓦斯含量最低值仅为 1.2m^3/t 煤。

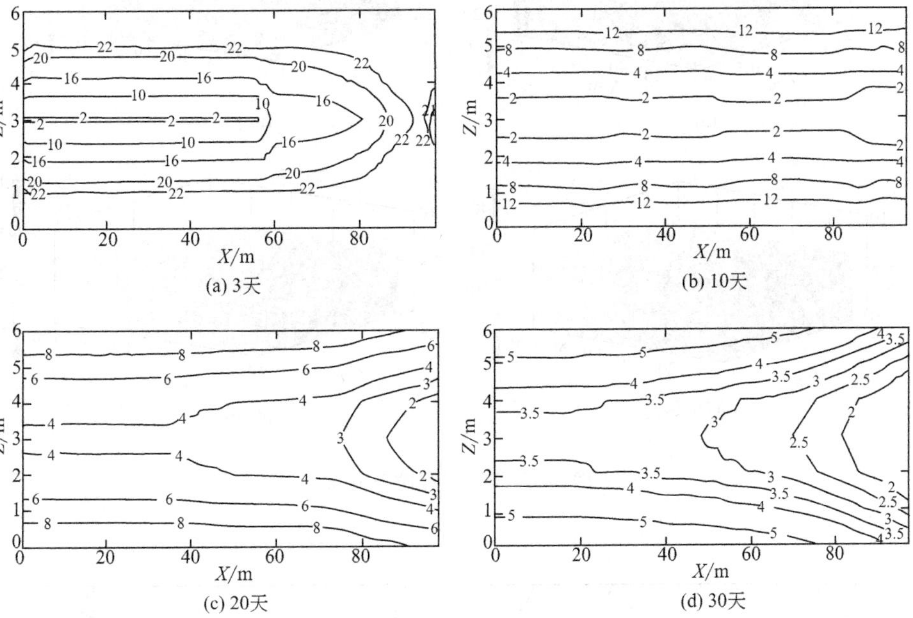

图 6-8 煤体瓦斯总含量随注热排采时间的变化规律（单位：m^3/t煤）

6.2.7 煤层瓦斯孔隙压随注热过程的变化规律

从图 6-9(a) 看到，注热进行 3 天时，煤层裂隙区的 X 方向 0～60m 区域孔隙压迅速升高，瓦斯孔隙压最大值为 6179.3Pa，由裂隙区至顶板和底板，孔隙压逐步降至 3950.7Pa。在注热孔附近，煤层瓦斯孔隙压受抽采的影响，低于煤层孔隙压原始压力 1342.2Pa。图 6-9(b)～(d) 能够看到煤层孔隙压随注热进行均比原始煤层孔隙压有大的抬升，与抽采孔之间的压力梯度增大，有助于抽采的进行。

由图 6-10 可以看出，煤层气由注热孔向排采孔压力由高至低变化，即煤层气流向了排采孔，图 6-10(a) 中明显看到煤层气压力沿着裂隙带上下分布，

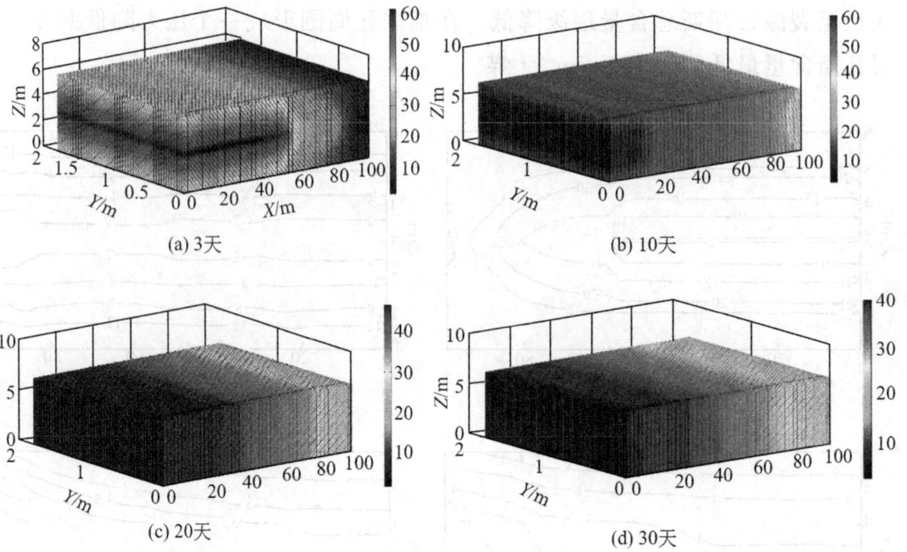

(a) 3天　(b) 10天　(c) 20天　(d) 30天

图 6-9　煤层气孔隙压分布图

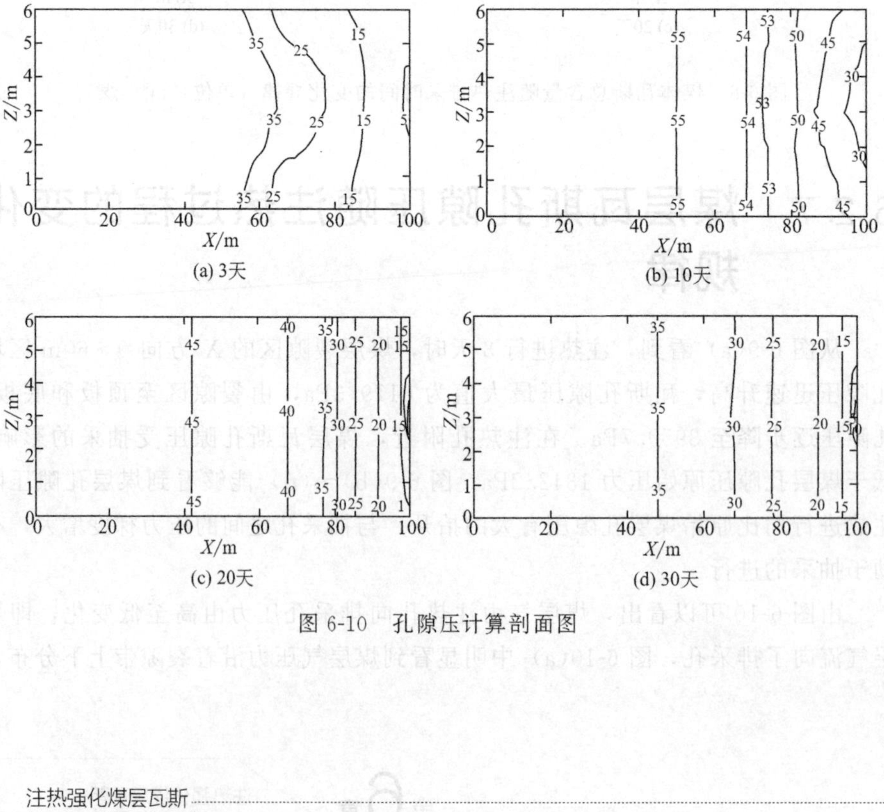

(a) 3天　(b) 10天　(c) 20天　(d) 30天

图 6-10　孔隙压计算剖面图

这是由于温度场作用导致煤层气解吸的结果，图 6-10(a) 中抽采形成的半圆形压力降低区域（圆心坐标 X，Y=100m，3m）圆心坐标区域附近，由于排采孔原因，形成了一个压力降低区域，这一压力梯度变化在图 6-10(b)～(d) 中均有体现，即煤层气抽采导致的压力梯度一直存在。图 6-10(b)～(d) 中的左半部分均是高压区域，至 30 天时，沿 X 方向 0～50m 区域，煤层气压力最高升高至 40 个大气压（4052Pa），这是由于高温作用下，解吸的煤层气暂存在微孔隙区，未及时排采走，局部压力升高的缘故。渐进抽采的效果由排采孔逐步向加热井方向移动。

6.2.8 煤层体积应力变化规律

从图 6-11 看到，随着注热进行，煤层瓦斯逐渐解吸，解吸后的煤基质块局部孔隙压增加，在总应力不变的情况下，煤体体积应力减小，在裂隙区煤层温度升高得更快，吸附态瓦斯解吸更多，因此从裂隙区至顶底体积应力逐渐减小，体积应力由 200kgf/cm^2 逐渐降低至 170kgf/cm^2。

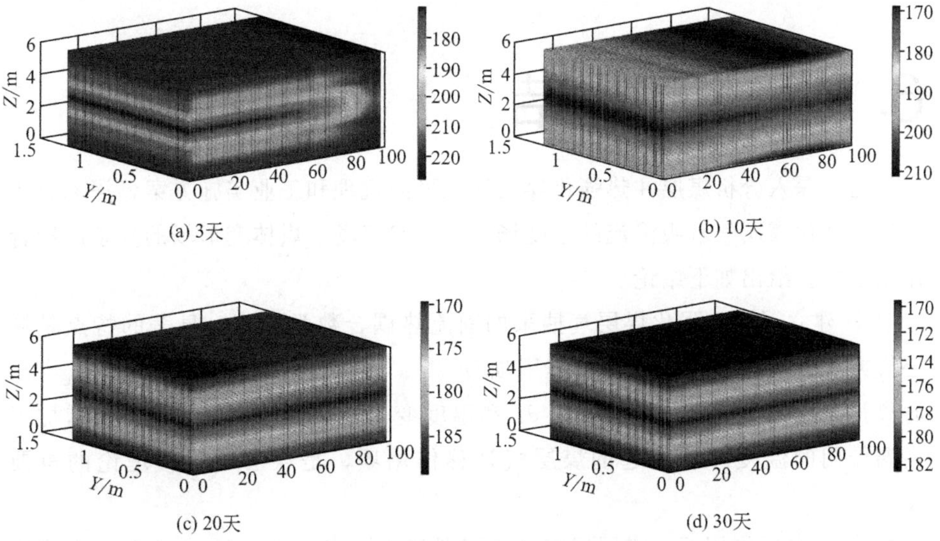

图 6-11　煤层体积应力计算结果

从图 6-12 更清楚地看到煤体吸附态瓦斯含量逐渐解吸，孔隙压升高，体积应力减小的情况。

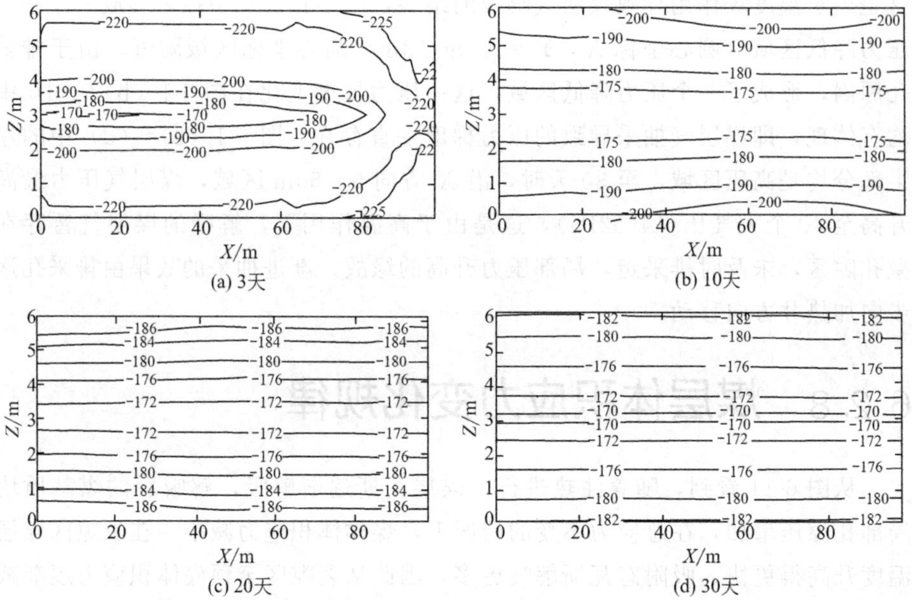

图 6-12　煤层体积应力剖面图

6.3 本章小结

通过深入分析煤层注热强化煤层气开采的机理和工业实施方案，深刻分析了注热强化煤层气解吸渗流的温度场、气水渗流场、煤体变形场的复杂的耦合作用过程，给出如下结论。

① 建立了注热强化煤层气抽采的固流热耦合数学模型，显著的特点是煤层气方程右侧包含了孔隙变化作用项$\partial n/\partial t$、气液相对饱和度作用项$\partial S_g/\partial t$、游离瓦斯孔隙压变化作用项$\partial P_g/\partial t$ 和温度变化作用项$\partial T/\partial t$，在左端增加了高温作用的温度梯度引起的煤层气迁移作用项，是煤层气运移理论的重要发展。

② 在水压作用下，煤层温度沿压裂裂隙带快速升高，至 30 天时，在裂隙带上下 2m 的范围内，温度全部达到 260℃。裂隙带两侧煤层最低温度达 140℃。

③ 煤层孔隙压随着温度作用逐渐升高，注热 10 天时，注热区域煤层孔隙压最高达 5.5MPa，注热 30 天时，仍有 3.5MPa，这种高压裂梯度促进了瓦斯

的快速流动与排采。煤层气主要以平行于裂隙的方向进行渗流，在排采孔附近形成压力降低圆形漏斗，且该漏斗随注热和抽采的进行，漏斗区域逐渐扩大。

④ 在高温作用下，煤层瓦斯快速解吸，吸附瓦斯含量形成一个由注热孔到抽采孔，以压裂裂缝为中心，至煤层上下边界的椭圆形漏斗，且随注热和抽采的进行，吸附瓦斯含量快速降低，在 30 天时，整个注热区域吸附瓦斯含量降低到 1.5m^3/t，仅是原始含量的 7%。